电力大数据在经营管理中的应用

谢 桦　张 沛 著

電子工業出版社
Publishing House of Electronics Industry
北京 · BEIJING

内 容 简 介

大数据给电力行业的发展带来了机遇和挑战，本书利用电力经营管理中的大数据应用案例，结合相关理论，帮助读者了解电力经营管理领域的大数据应用现状及前沿技术，实用性强。本书内容分为 8 章，包括供电企业经营管理现状、电力大数据简介、电力大数据在人财物领域的应用、电力大数据在规划计划领域的应用、电力大数据在运维检修领域的应用、电力大数据在电力营销领域的应用、电力大数据在辅助决策领域的应用、供电企业大数据应用趋势展望。

本书可供相关企业的经营管理人员、各行业从事大数据技术开发和应用的专业技术人员，以及高等院校相关专业的师生参考阅读。

图书在版编目（CIP）数据

电力大数据在经营管理中的应用 / 谢桦，张沛著. 北京 : 电子工业出版社，2024. 7. -- ISBN 978-7-121-48427-8

Ⅰ. TM7-39

中国国家版本馆 CIP 数据核字第 20241YJ362 号

责任编辑：许存权
印　　刷：三河市鑫金马印装有限公司
装　　订：三河市鑫金马印装有限公司
出版发行：电子工业出版社
　　　　　北京市海淀区万寿路 173 信箱　　邮编：100036
开　　本：720×1 000　1/16　印张：13.25　字数：255 千字
版　　次：2024 年 7 月第 1 版
印　　次：2024 年 7 月第 1 次印刷
定　　价：89.00 元

凡所购买电子工业出版社图书有缺损问题，请向购买书店调换。若书店售缺，请与本社发行部联系，联系及邮购电话：（010）88254888，88258888。

质量投诉请发邮件至 zlts@phei.com.cn，盗版侵权举报请发邮件至 dbqq@phei.com.cn。

本书咨询联系方式：（010）88254484，xucq@phei.com.cn。

前　言

数据已成为企业、社会和国家的生产要素。我国供电企业积极探索大数据与业务融合，涌现了大量的大数据应用案例，切实提升了行业管理效能，走在了大数据行业应用的前列。以现有成果为基础，开展电力数据与大云物移智现代技术的深度融合，进一步挖掘数据价值，助力提升企业经营管理能力、拓展经营服务范围及创新经营管理模式，为中国供电企业提供强大技术支撑，推动智能电网发展、能源互联网建设及能源转型变革，实现我国社会经济飞跃。一方面，电力大数据在供电企业经营管理中应用的相关技术及经验可为其他行业深化大数据创新应用提供借鉴。另一方面，当前迫切需要培养大量适应大云物移智现代技术与行业业务应用深度集成的人才，承担对企业经营管理各业务以及全社会经济发展的全面支撑。这两方面的感受促成了作者对本书的撰写。

本书内容分为 8 章，包括供电企业经营管理现状、电力大数据简介、电力大数据在人财物领域的应用、电力大数据在规划计划领域的应用、电力大数据在运维检修领域的应用、电力大数据在电力营销领域的应用、电力大数据在辅助决策领域的应用、供电企业大数据应用趋势展望。作者基于大数据技术在供电企业经营管理中每个应用环节的实际案例和在科研工作中积累的研究成果，从应用背景和实现设计两个方面，呈现了大数据技术对供电企业经营管理水平不断提升的助力，以期帮助读者了解供电企业经营管理的大数据应用现状及前沿技术，也希望为其他行业人员提供实践范例和创新思路。

本书的撰写得到了国家电网公司原副总工程师、教授级高级工程师李向荣和北京化工大学经济管理学院院长、教授唐方成的大力支持，作者在此表示衷心的感谢！并向他们在电力信息技术、经营管理技术领域的杰出工作表示崇高的敬意！陈俊星、王奕凡、亚夏尔、潘雪、陈昊、王维、王云嘉、孔德鹏和许志鸿等同学为本书的相关研究工作和撰写付出了艰辛的努力，在此一并感谢！

本书的读者对象主要为相关企业的经营管理人员、各行业从事大数据技术开发和应用的专业技术人员，以及高等院校相关专业的师生。

由于作者水平有限，疏漏和不当之处在所难免，恳请读者不吝指正。欢迎读者与我们就书中提及的研究内容进行探讨，作者联系方式：hxie@bjtu.edu.cn、peizhang166@qq.com。

目　录

第 1 章 供电企业经营管理现状

原国家电力监管委员会（现国家能源局）第 27 号令《供电监管办法》于 2010 年 1 月 1 日实施，其中明确“供电企业是指依法取得电力业务许可证、从事供电业务的企业”，其应当“具有能够满足其供电区域内用电需求的供电能力”。我国供电企业主要有国家电网有限公司、中国南方电网有限责任公司，同时还有中国长江三峡集团有限公司和内蒙古电力（集团）有限责任公司等一些电力生产和运营企业。

1.1 供电企业经营管理特点

供电企业为用户提供电能，电能具有和传统制造业产品相同的商品属性。在电能生产、输送和使用过程中，不仅包括了能量转化、传递和分配等过程的紧密耦合，还涉及能量流、信息流和物质流等相互影响，从而使得供电企业经营管理呈现出独特性。

1. 供电企业经营管理技术要保证各个环节高度一致

电力系统安全稳定运行要求发电和用电时刻保持平衡，决定了区域内供电企业的技术和管理技能具有一致性，不同经营区域间技术和管理技能具有统一性。供电企业经营管理要求实现电能的发、输、配、售等产业链各环节有机联系、紧密配合，并相互支撑。

2. 供电企业经营管理目标以社会效益为首位

电能已成为社会生产和人民生活的基本能源，其供应和分配事关国家安全和社会发展全局。供电企业的经营管理被赋予了高度的社会公益性，承担着为社会提供保障安全、优质、经济和环保电能的责任和义务。供电企业应在保证社会效益的前提下，实现自身经济效益最大化。

3. 供电企业经营管理水平影响全社会的资源分配

电能关系着国计民生，供电企业资产规模庞大，产业链与众多上下游产业紧密关联，涉及全社会原材料采掘、设备制造、人才培养等方面的资源配置，甚至会改变人民生活方式。供电企业应积极履行对各利益相关者的社会责任，不断提升自身经营管理水平，提升社会资源配置效率。

1.2 供电企业经营管理情况

我国供电企业结合我国国情和电力系统运行要求不断深化改革，经营管理模式不断转变。1997 年我国成立了国家电力公司，自此拉开了电力系统改革的序幕。2002 年 3 月国务院发布《电力体制改革方案》，彻底打破了发输配售垂直一体化的垄断模式。目前，我国供电企业形成了以中国华能集团公司、中国大唐集团公司、中国华电集团公司、中国国电集团公司、国家电力投资集团有限公司五大国企为主、民企为辅的发电侧市场，以及国家电网有限公司和中国南方电网有限责任公司两大中央直管电网企业与多个地方生产经营供电企业并存的输配电侧系统。

在深化改革的过程中，我国供电企业经营管理技术不断创新发展。2010 年，中央直管供电企业国家电网有限公司提出构建“三集五大”发展战略，即实施人力、财力、物资集约化管理；建设大规划、大建设、大运行、大检修、大营销体系。2014 年，新型现代电网企业运营管理体系基本建立。在《关于深化国有企业改革的指导意见》指导下，供电企业加快构建有效竞争的市场结构和市场体系。2019 年年初，国家电网有限公司提出了“三型两网、世界一流”的发展战略，打造枢纽型、平台型和共享型企业，建设并运营好坚强智能电网和泛在电力物联网，要求供电企业以建设世界一流能源互联网企业为目标进一步提升经营管理水平。供电企业管理架构随之不断变革，我国最大的供电企业国家电网有限公司自 2019 年 5 月底形成了“总部-省公司”两级电网企业法人、“总部-省公司-市县公司”三级/四级电网管理格局。某供电企业 2020 年设定组织机构的主要职责如表 1-1 所示。当然，不同供电企业的管理机构及其主要任务的设定有所不同，随着社会经济的发展，供电企业的组织结构和定位也会不断改革。

表 1-1　某供电企业组织机构设置

部门设置	主要职责
发展策划部	负责本省规划、计划归口管理 负责 110（66）～500 千伏电网规划初审 负责 35 千伏及以下电网规划批复 负责 110 千伏及以下电网可研性、扩展性迁改方案批复 负责 110（66）～500（330）千伏电源和 220 千伏用户接入系统方案批复 负责出具经省投资主管部门核准的电源接入电网意见函
基建部	负责省内建设业务的归口管理 协助总部投资建设项目属地协调 负责对所属设计、施工、监理企业的专业管理 负责公司总部委托的特高压工程和所辖±660 千伏及以下直流电网和 750 千伏、500（330）千伏交流电网项目的建设管理
调度控制中心	负责本省电网调度运行、变电设备运行集中监控、系统方式、调度计划、继电保护、自动化、水电及新能源等业务的专业管理 负责调度所辖 220 千伏电网（电厂）和终端 500（330）千伏系统 负责所辖±660 千伏及以下直流和 500（330）～750（一般）千伏交流输变电设备集中监控（包括输变电设备状态在线监测与分析）

续表

部门设置	主要职责
运维检修部	编制省运维检修计划并组织实施 负责电网生产性实物资产和生产技术归口管理 负责所辖电网技改大修管理 负责省内生产服务用车管理 负责电网设备状态诊断和评价分析，组织电网建设改造工程交接验收
营销部	负责省公司营销业务职能管理及组织实施 负责营销业务执行环节的复核、校验和业务过程管理 负责营销自动化系统建设推广及业务应用管理 负责220千伏及以上业务扩报装管理及客户供电方案审批
运营监测（监控）中心	指导地市公司运监中心开展业务 负责对本单位综合绩效、运营状况、核心资源、关键流程等方面进行全面在线监测 开展本单位运营情况的专题分析、综合分析及即时分析工作，对异动、异常问题协调解决 负责对本单位经营业绩、管理成效、发展成果和责任实践的全方位展示 负责数据资产管理，协助总部运监中心开展协同分析诊断、大数据挖掘工作
客户服务中心	负责95598全业务工单的转派、督办、回复审核和上报 负责营销自动化系统业务应用、有序用电等相关业务支撑 负责220千伏及以上业务扩报装等省级集中业务执行 负责本省95598服务工作质量的监督、检查与评价

在“两级法人、三/四级管理”的总体架构下，国家电网有限公司建成了人力资源、财力资源和物力资源的统一集约化管控模式，以物联网、大数据、云计算、智能化技术为支撑，实现了公司运营、电网运行、供电服务等业务高效运作和动态在线监测。

1.3 供电企业面临的主要挑战

2020年习近平总书记在第七十五届联合国大会上提出了“碳达峰、碳中和”的“双碳”目标，2022年10月中国共产党第二十次全国代表大会提出了“加快规划建设新型能源体系”。党中央、国务院提出新发展理念，供电企业面临着新的机遇与挑战。

1. 新型能源系统构建要求供电企业创新经营管理模式

我国化石能源紧缺，能源结构急需优化，人民对生活质量的要求不断提高，建设以非化石能源为主体的新型能源系统是我国当前急需完成的能源结构和能源形态转变。供电企业唯有加快技术创新和管理变革，积极主动建立适应新型电力系统改革发展的经营管理机制，才能适应科技革命新形势，更好地承担保障国计民生的社会责任。2023 年 8 月《财富》发布的世界 500 强排行榜中，我国供电企业国家电网有限公司位列前 3 名，已经具有较高的资源配置能力和管理效率，并具备较强的风险抵抗能力。当前，“双碳”目标已触动新一轮科技革命浪潮，必将给社会经济发展和人们生产生活方式带来深层次的影响。大数据开发利用技术正蓬勃发展，将其应用于供电企业的经营管理，将有助于充分挖掘电力系统源网荷储各元素的灵活性潜力，极大提升电力产业及其他社会资源的配置效率。

2. 统一电力市场体系建设促使供电企业优化经营管理机制

2021 年，国家发改委印发《关于加快建设全国统一电力市场体系的指导意见》，明确了全国统一电力市场体系到 2025 年初步建成，到 2030 年基本建成。在电力市场竞争新态势下，供电企业的售电市场将会有更多元的市场主体参与，传统盈利模式面临挑战，供电企业经营管理机制必须顺应社会变革和技术进步，不断探索与优化其经营管理机制。大数据技术在供电企业经营管理机制上的融合创新应用，一方面可以更全面地动态监控企业内部的资源配置和生产经营过程，从而挖潜增效，推进能源高质量发展，另一方面可以更深入地动态分析企业外部上下游产业的变化和影响，从而创造新的效益增长点。

“十四五”进程过半，能源技术创新进入高度活跃期，基于大数据的信息化技术正对能源行业产生深入影响。2023 年 6 月，国家能源局发布《新型电力系统发展蓝皮书》，提出新型电力系统应具备“安全高效、清洁低碳、柔性灵活、智慧融合”四个重要特征。供电企业要以科技引领未来，为我国真正立足于世界强国之林作出重要贡献。

本章参考资料

[1] 李沛朔. 黑龙江电力公司督查体系建设项目及运行模式研究[D]. 哈尔滨：哈尔滨工业大学，2014.

[2] 倪旻，武星. 极不平凡的五年——访国网体改办主任葛国平[J]. 国家电网，2015(1):38-41.

[3] 南京大学. 物理（化学）气相沉积法大面积制备单一相（铜、锡）双金属合金及其电化学应用：CN202210051801.5[P]. 2022-05-10.

[4] 史常宝. 心理契约视角下电网企业人力资源管理策略研究[D]. 北京：华北电力大学（北京），2017.

[5] 姚雅文. 供电企业经济效益审计评价指标体系研究——以GM供电公司为例[D]. 青岛：青岛科技大学，2018.

[6] 三旺通信. 深圳市三旺通信股份有限公司 2021 年年度报告摘要[N]. 证券日报，2022-04-23(C183).

[7] 华北电力大学. 一种提高火电机组灵活性运行的级联自适应容积卡尔曼自抗扰控制方法:CN202110658735.3[P]. 2021-09-14.

[8] 方国昌，王丽，高征烨. 能源互联网与能源转型耦合机理探讨及影响因素识别[J]. 煤炭经济研究，2020,40(11):10-17.

[9] 纪政甫. H 铁路投资集团发展战略研究[D]. 郑州：郑州大学，2022.

[10] 刘西昂. 基于云端协同的居民非介入式负荷辨识算法研究[D]. 南京：东南大学，2021.

[11] 李娜. 浅谈风电企业的运维管理模式[C]. 2017 年（第三届）风电场运行维护专题交流研讨会论文集. 2017:175-178.

[12] 赵品文. 新形势下水电厂高技能人才培养模式探究[J]. 金华职业技术学院学报，2018,18(5):53-57.

[13] 杜明俐. 监管之路砥砺前行——能源电力监管工作的探索与实践[J]. 中国电业，2018(11):72-73.

[14] 新智我来网络科技有限公司. 基于联合学习的电力负荷预测模型建立方法和装置:CN202111265689.7[P]. 2022-02-01.

[15] 蒋璐. 供电企业成本预算管理中的问题和对策[J]. 品牌研究，2021(3):107-109.

[16] 李泽众. 探索浙江国有企业改革新路径[J]. 浙江经济，2015(21):23-24.

[17] 国网重庆市电力公司，国网重庆市电力公司电力科学研究院，国网电力科学研究院有限公司，等. 一种电动汽车负荷资源建模管理系统及方法:CN202211126680.2[P]. 2023-02-03.

[18] 池坤鹏，赵明. 供电企业人力资源柔性管理探析[J]. 安徽电气工程职业技术学院学报，2017,22(2):34-37.

[19] 金振文. 这里，充满绿色能量与智慧 [N]. 国家电网报，2015-07-10(03).

[20] 冯波声. 全面深化国资国企改革[J]. 今日浙江，2014(14):32-33.

[21] 李元丽. 优化能源产业　助力构建新发展格局[N]. 人民政协报，2020-11-24(06).

[22] 宁波三明电力发展有限公司. 基于 5G 的配电房电力数据采集系统和采集方法:CN202011378270.8[P]. 2021-04-23.

[23] 《中国钢铁业》产业研究小组. 我国高纯铁市场现状及发展趋势[J]. 中国钢铁业，2022(4):7-11,16.

[24] 王东宁. A 电力公司数据治理问题研究[D]. 济南：山东大学，2020.

[25] 张朴甜. 碳排放规制压力下陕西省能源企业战略转型研究[D]. 甘肃政法学院，2018.

[26] 关迎宾. 泛在电力物联网研究[C]. 辽宁省通信学会 2019 年度学术年会论文集. 2019:320-324.

[27] 王璐瑶. TW 供电公司远程充值服务品质评估体系研究[D]. 天津：天津工业大学，2020.

[28] 段本生. 创建监督管控新机制 深化反腐倡廉工作[J]. 中国电业，2013(2):26-27.

[29] 张漫漫. 河南省 Y 县城乡供水一体化管理研究[D]. 郑州：郑州大学，2022.

[30] 霍卫卫. 火电机组节能发电调度智能优化算法研究[D]. 长沙：湖南大学，2016.

[31] 汪俊洋，李明. 电力大数据的未来发展趋势[C]. 2018 电力行业信息化年会论文集. 2018:28-30.

第2章 电力大数据简介

相关统计显示，大数据市场自2011年开始飞速发展，电力大数据的概念于2011年由麦肯锡全球研究院(McKinsey Global Institute，MGI)提出。中国电机工程学会信息化专委会于2013年3月首次发布了《中国电力大数据发展白皮书》，将2013年定为“中国大数据元年”。2014年3月“大数据”一词被首次写入我国《政府工作报告》。2016年我国“十三五”规划纲要提出“实施国家大数据战略”。2020年我国发布的《关于构建更加完善的要素市场化配置体制机制的意见》中，将数据和土地、劳动力、资本、技术并称为五种生产要素。伴随“互联网+”产业的快速发展，数据即资产的观念已然形成，数据资产已成为企业的核心竞争力。

本章首先分析电力大数据的基本概念和技术体系，结合供电企业信息系统建设情况和现有数据基础，提出电力大数据对于供电企业经营管理的支撑作用，进而规划大数据在供电企业经营管理过程中的重点应用。

2.1 电力大数据的数据特征

关于大数据的定义，引用MGI在*Big data: The next frontier for*

innovation, competition, and productivity 中的表述：大数据是指无法在一定时间内用传统数据库软件工具对其内容进行抓取、管理和处理的数据集合。大数据技术采用先进的数据采集、存储和处理技术，开展多样化数据间的综合关联性分析，可建立海量数据资源的数据关联。大数据基于传统数据，但又与之有着本质的不同。表 2-1 总结了传统数据与大数据的联系与区别。

表 2-1　传统数据与大数据的联系与区别

项　　目	传 统 数 据	大　数　据
数据量	GB—TB 之间	PB、ZB 级别
类型	结构化数据	结构化数据、半结构化数据、非结构化数据
速度	数据量的增长速度比较稳定且缓慢	数据量增长速度井喷，要求采集、处理和分析速度快
来源	单个领域数据，阶段性的、针对性的评估，资源集中，纵向扩展	多个领域数据，过程性、实时性地观察采样，资源分布，横向扩展
分析方法	商业智能（BI）技术寻找关联关系	海量数据挖掘（DM）隐藏信息
价值提升	关注单个主题，统计分析，利用数据关联性创造价值	总体视角，注重趋势预测，挖掘高附加值的增值服务

关于大数据的数据特征，比较有代表性的是 3V 定义：规模性（Volume），多样性（Variety）和高速性（Velocity）。另外，国际数据公司（international data corporation，IDC）认为应该增加第四 V：价值性（Value）；IBM 则认为第四 V 为真实性（Veracity）。中国电机工程学会信息化专委会将电力大数据的特征概括为 3V 和 3E，其中，3V 描述大数据的泛在特性，分别是体量大（Volume）、类型多（Variety）和速度快（Velocity）；3E 分别是数据即能量（Energy）、数据即交互（Exchange）和数据即共情（Empathy），描述了电力行业的典型特征。

体量大（Volume）：供电企业每天产生大量的数据。其中，包括能量管理系统和配网管理系统等采集的各类设备的在线监测信息和电网运行状态数据，营销业务系统和客户服务系统等记录的电量和用户信息数据，采购计划系统和协同办公系统等涉及的材料采购和业务流程数据。我国供电企业信息化和智能化日益完善，数据采集的范围和频度还将增加，从而增加电力数据量。特别是，在能源互联网模式下，电力系统与热力系统、燃气系统等多能互补，与交通系统、通信系统等双向支撑，能源生产和应用过程中产生的数据体量激增。

类型多（Variety）：供电企业的发输配用各个环节产生的数据，包括结构化数据、半结构化数据和非结构化数据等多种类型数据。随着可视化技术的发展，语音、视频等非结构化数据在电力数据中的占比进一步增加。此外，电力行业内外发展动态、天气条件等跨单位、跨专业数据也进一步增加了电力数据的类型。

速度快（Velocity）：数据实时快速处理是电力大数据的重要特征。能源生产、转换和消费要求瞬间完成，数据中包含着很多实时性数据，数据的分析结果也往往要求实时性高，例如电网运行控制决策有时需要毫秒级的速度来完成数据分析计算。

数据即能量（Energy）：电力大数据应用的过程，就是数据能量释放的过程。大数据技术快速处理并采集多样化、多类型数据，挖掘数据关联性，得到能源生产、转换和使用各环节节能高效方案，数据本身在使用过程中不仅无损耗，而且不断提升附加值。

数据即交互（Exchange）：电力数据与国民经济其他领域数据联系广泛而紧密。将电力行业内外的数据交互融合，开展全方位的分析和挖掘，不仅可推动供电企业产业链的快速发展，而且会给其他行业的发展带来强大推动力。

数据即共情（Empathy）：我国供电企业追求“以客户为中心”。电力大数据的分析和挖掘，要以人为本，以实现更好地服务于社会为出发点，才能实现电力行业价值最大化，获得电力大数据技术的可持续发展。

不同行业对于大数据的应用各有侧重。大数据技术最先在互联网社交网络和搜索引擎等方面广泛应用，随后在零售行业应用于市场细分和精准营销，金融行业应用于智能投顾、欺诈防范等。电力大数据已经被提升到供电企业发展战略层面，“重塑电力核心价值”和“转变电力发展方式”是电力大数据的两条核心主线。智能电网的迅速发展和国家相关政策的重点布局，使得电力大数据位于行业应用前列。分享电力大数据应用成果，开阔大数据应用思路也是本书撰写的初衷。

2.2 电力大数据的数据资源

随着智能电网建设和电网信息化建设持续深入，供电企业积累了海量数据，从数据类型上来讲，有结构化数据、半结构化数据和非结构化数据；从数据来源上来讲，有历史数据、实时数据和预测数据等；从数据资源上来讲，有规划数据、运行数据和营销数据等。状态数据、音频数据和视频数据等数据量高达 TB 级甚至 PB 级。以营销业务为例，智能电表的表计数量与采集频率决定的数据量变化如表 2-2 所示。

表 2-2 表计数量与采集频率决定的数据量变化

表计数量	采集频率 15 分钟	采集频率 1 分钟	采集频率 1 秒钟
10,000	32.61GB	489.0GB	114.6TB
100,000	326.1GB	4.8TB	1.1PB
1,000,000	3.18TB	47.7TB	11.2PB

据测算，电力营销业务每年新增约 100TB 用电采集数据，已产生 TB 级客户档案和交易数据，日增约 4GB 客户音频数据。显然，随着配网技术的发展和人工智能技术的兴起，系统数据量将进一步增加，为供电企业新增大数据应用积累海量数据和数据样本。国网

浙江省电力有限公司应用大数据有力辅助了新增市场的挖掘和开拓，2018 年实现新增售电量 117%。

大数据应用技术为企业经营管理提供了强有力的支撑作用。然而，我们也应清醒地认识到，当前电力数据还存在生产质量不高、共享渠道不畅、安全隐患大等问题。

1. 电力数据生产质量不高

供电企业的业务部门按照自己的需求录入数据，造成同一数据在不同的业务系统有不同的属性信息。系统和设备状态监控信息和用电采集信息等业务基础数据存在数据重复、多源等问题，造成数据源不唯一，跨专业数据的同源性不强。此外，企业全量数据标准定义不清晰，接口集成的数据共享方式多样。这些现象导致了数据全局共享存在壁垒，系统间数据共享难度大。

2. 电力数据共享渠道不畅

各级供电企业在信息化建设初期，大多都是以业务驱动的单体架构系统软件，存在架构不统一、开发语言不一致、数据标准不一致，数据库多样化等问题，这些数据分散在企业内部，不能互联互通，形成了一个个信息孤岛，带来了信息无法对接应用等问题。另外，数据流转缺乏有效的管理机制，导致跨组织信息共享程度低、资源难以整合。

3. 数据安全隐患大

数据的安全问题愈来愈受到人们的关注。供电企业电力系统运行数据系统漏洞、数据泄露等有可能给电力系统安全稳定运行带来威胁。如果对电力用户的个人隐私信息、敏感信息数据进行违规使用，有可能危及人民生命财产安全。数据资产价值高，如果跨组织间共享的安全协议过于宽松，则可能会为不法犯罪活动留下空间。

数据治理是支撑电力大数据应用的重要基础。供电企业应依据业务需求，使相关数据满足当前和未来计划需要，并考虑数据共享需求。对于目标数据，一方面要避免重复规划和建设，避免重复采集和多点存储、分发、使用等；另一方面，要完善数据共享工作流程，增强各部门对数据理解的一致性，明确对应标准，实施数据安全管理。

正是基于数据质量和数据安全的考虑，国家电网开展了面向全球能源互联网的电力大数据基础体系架构和标准体系研究，如表 2-3 所示。

表 2-3　电力大数据标准体系

标准分类	标准名称	内容	作用
基础标准	电力大数据术语	规定电力大数据相关的基础术语、定义、数据技术参考模型	保证对电力大数据相关概念理解的一致性，指导电力大数据模型搭建
	电力大数据参考模型		
数据采集与转化标准	用电信息采集转换规范	规定采集数据的基本内容、属性结构、采集方法和技术要求	指导大数据平台的数据采集与转换功能的实现和运行维护
	视频监控信息采集转换规范		
数据传输标准	电力计量通信协议应用层规范	规定智能电网通信的传输模式和传输协议	满足全球能源互联网大容量数据传输的高实时性和高可靠性要求
	电力通信系统建设规范		
数据存储与管理标准	电力大数据分布式存储系统设计规范	规范内外部数据源的多类型数据存储	满足全数据类型海量规模存储和多样计算快速查询读取需求
	电力大数据虚拟化存储系统设计规范		
数据处理与分析标准	电力大数据商业智能工具应用规范	规定电力大数据的商务智能分析工具和可视化工具的技术及功能的规范	用于大数据计算处理分析过程中的各项技术指标决策
	电力大数据可视化工具应用规范		
	电力大数据挖掘标准流程		
数据质量标准	电力大数据质量控制规范	规定数据从采集、处理到入库全过程质量控制要求和评价指标	用于数据采集、存储、处理、展示全过程的监控
	电力大数据质量评估准则		
数据安全标准	电力大数据安全技术规范	规定了访问控制、应用容错、容灾等安全指标和规范	用于数据安全防护，保护用户的隐私数据，并提高数据安全性和可靠性
	电力大数据隐私防护规范		

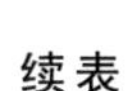

续表

标准分类	标准名称	内容	作用
数据服务标准	电力大数据开放数据集规范	规定大数据平台上数据与外部系统之间的交互接口规范	促进不同系统之间的互操作性，提高开发效率
	电力大数据业务数据集规范		
	电力大数据平台服务接口规范		

2.3　电力大数据平台建设

电力大数据平台为大数据应用提供数据基础和存储、计算、分析等技术能力，是大数据在电力系统应用的基础和技术支撑。

早期的供电企业数据中心局限于物理环境建设，侧重于提供清洁宽敞的机房环境、高性能的计算机和服务器、足够的网络带宽和数据储存空间等。在实施大数据战略的过程中，供电企业对数据资产的认识逐步清晰，对数据越来越重视，大数据技术已成为供电企业开展管理、运营和决策服务的重要基础，

依托国家电网当前“总部-省公司-市县公司”三级/四级电网管理格局，电力大数据平台的建设一般规划构建三级数据中心，包括：

第一级数据中心：公司总部数据中心。

第二级数据中心：区域级/省级分公司数据中心。

第三级数据中心：地区供电公司级/发电厂级和其他直属单位级数据中心。

三级数据通过网络互联互通，数据实时交换和统一更新，保证供电企业内部及时获取系统运行、资源计划的历史和实时信息，实

现不同业务系统间数据共享和数据应用。

国家电网有限公司以 SG186 工程和 SG-ERP 工程为代表的企业信息化建设取得了显著成绩，信息系统已实现由分散到集中、由孤岛到共享转变，硬件定制化、软件开源化的电力大数据平台已初具规模，向信息化企业和智慧企业迈进。

电力大数据平台一般采用 x86 架构，核心分布式存储与计算组件采用 Hadoop 技术体系分布式存储（HDFS、Hbase、Hive 等）、分布式计算框架（MapReduce）及 Spark 等开源产品或技术。典型的电力大数据技术架构示意图如图 2-1 所示。

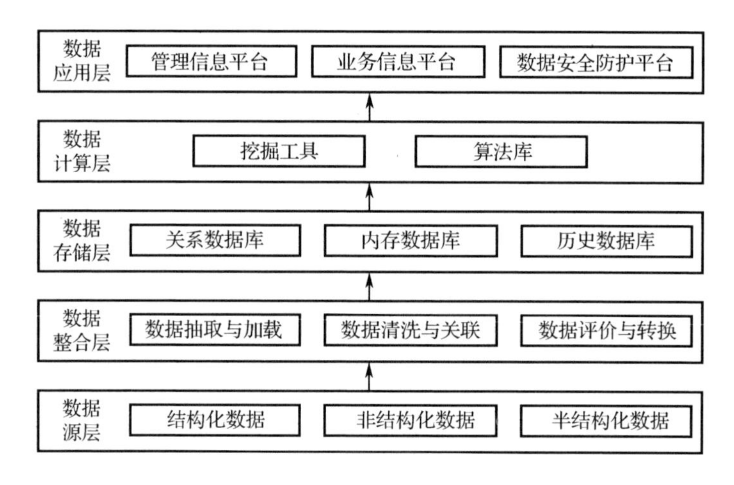

图 2-1 典型的电力大数据技术架构示意图

电力大数据的数据来源主要有数据中心、业务应用和关联系统数据。其中，数据中心主要涉及地理位置信息、历史数据等；业务应用包含各业务系统和量测系统产生的相关业务数据；关联系统数据主要涉及物联网、社交网络、移动互联等途径获取的各类数据。将采集的海量数据进行整合，形成文件数据、分布式数据和实时消息队列数据，存储为关系数据库和内存数据库，形成数据挖掘的数据基础。集成 Kafka 和 Flume 等流式，实时处理技术可实现日志实时解析，通过高并发读写请求可传递实时数据接入内存计算在线处理，采用数据抽取和同步等批数据算法处理大规模的非实时数据。

高性能计算主要是通过Hadoop分布式计算技术,采用MAP-REDUCE模型建立分布式计算集群或 Yonghong Z-Suite 等高性能工具，对电力数据进行分布式计算和处理；数据挖掘技术是通过数据准备、规律寻找和规律表示等步骤寻找隐含规律。

管理信息平台提供网络传输、数据资源、信息集成、应用构建和访问控制等资源和服务支撑，包括集群运维、服务监控、资源监控、异常告警等模块，管理员可以通过信息网对服务器的利用率和健康状态进行监控、日常管理和维护。同时，通过集成监控告警模块，执行报警功能和发送故障告警信息。

业务信息平台涵盖电网业务、非电业务、资源管理、智能决策等方面。提供数据存储、分析计算、辅助决策和可视化展示等各类服务，支持通过 WebService 方式访问，提供可嵌入式业务系统的大数据展示组件。

数据安全防护平台集成隐私保护机制、增强分布式存储安全等功能，可满足有效的信息风险监控预警和数据安全智能防护，可实现“可观可控、精准防护、可视可信、智能防御”。

电力大数据平台以先进的数据存储技术、数据分析技术、数据处理技术、数据展现技术等为支撑，实现经营管理态势判断和趋势预测，增强在线管控能力，提升经营管理效率。

2.4 电力大数据价值提升方向

麦肯锡的报告曾预测，大数据分析方案的广泛使用能够在全球范围内削减约 3000 亿美元/年的电费。我国电网专家分析认为，电力数据利用率每增加 10%可带来 20%～49%的经营利润。多个实际案例也实证了大数据在供电企业经营管理中的运营效果。

1. 高效开展系统状态监测

电力系统安全运行要求发和用即时平衡，产和销瞬时完成。然而，电力系统地域分布广、设备差异大，供电企业业务链条长、管理层级多，需要借助电力大数据技术才能实现高效的系统运行状态实时监测、人财物资源状态动态监管。美国 Enphase 能源股份有限公司采用大数据技术监控 80 个国家约 25 万个系统中的设备状态，高效开展设备远程维护。美国 AEP 电力公司应用大数据技术监测电力基础设施状态，降低用电成本。

2. 改善用户体验

大数据分析各种客户群体消费模式，评估居民、商业和工业等特定服务群体的用电成本，优化客户关系，改善客户体验。电力用户可以将更多的明细数据提供给供电企业，企业业务部门借助大数据分析平台完成大数据应用。美国 Lakeland 电力公司通过评估电力服务成本，为客户设计可选择的替代费率，不仅帮助供电企业降低了高峰电力需求，而且帮助电力用户节省了电费。美国 Gulf Power 公司采用大数据分析确定恢复供电的最佳时长，提升用户满意度，帮助供电企业减少客户流失。据测算，通过改善用户体验，提高了用户留存率，每年可节省高达 3000 万美元的成本。

3. 规避经营管理损失

大数据技术增强企业经营管理管控能力，有效规避供电企业经营管理中的损失。美国 Northeast Group 有限责任公司研究称，因电力盗窃全球每年损失 893 亿美元。意大利 Enel 电力公司依赖大数据技术通过超过 500 亿行的数据分析，识别出 93%的电力盗窃案或其他非技术性损失，年收益超过 3.5 亿欧元。美国最大的综合电力和燃气公司之一 PSE&G 公司为 180 万燃气用户和 220 万电力用户提供服务，采用大数据预测变压器等设备故障，制定变压器维修或更换的适当时间，并提供操作指标实时追踪，减少了超过 1 亿美元的成本。

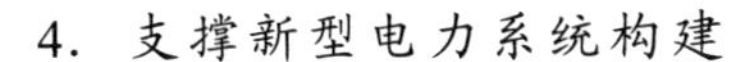

4. 支撑新型电力系统构建

新型电力系统以新能源为主体，源网荷柔性可控，随机性特征更加突出。在大范围、泛在智能和共享互联的发展态势下，需要电力大数据技术通过高维海量数据挖掘实现预测、预警和决策，支撑企业经营管理。能源互联网技术服务提供商远景科技集团建立的阿波罗光伏云平台，融合光伏发电系统数据、地理信息数据和天气预报数据，其光伏电站预防性巡检与传统运维模式相比，人力成本至少减少 50%。大渡河流域水电集控中心依据大数据技术将全流域水情测报系统周精度由 40%提升至 95%，显著提升了流域内梯级电站群的经济运行水平，同时增强了防御暴雨洪涝、地质灾害的能力。

电力大数据应用的实例还有很多。大数据是重要战略资源已成为全球共识，一方面新型能源系统、新型电力系统建设需要电力大数据技术的全方位支撑，另一方面电力大数据在企业经营管理中必将迎来前所未有的新机遇。

本章参考资料

[1] 张鹏宇. 能源互联网下的配网自动化数据管理与应用研究[D]. 北京：华北电力大学（北京），2018.

[2] 王雪群，雷晓萍. 基于大数据平台的业务场景应用[J]. 数字化用户，2019(18):61.

[3] 尹蕊，余仰淇，王满意，等. 大数据环境下的电力数据质量评价模型与治理体系研究[J]. 自动化技术与应用，2017,36(4):137-141.

[4] 彭小圣，邓迪元，程时杰，等. 面向智能电网应用的电力大数据关键技术[J]. 中国电机工程学报，2015(3):503-511.

[5] 李佳玮，郝悍勇，李宁辉.电网企业大数据技术应用研究[J]. 电

力信息与通信技术，2014,12(12):20-25.

[6] 周平，马斌，韩冰，等. 基于大数据平台的日志分析预警技术研究[J]. 电脑知识与技术，2016,12(32):266-268.

[7] 郑浩泉，靳丹，马志程. 电力企业大数据基础平台[J]. 计算机系统应用，2017,26(2):1-8.

[8] 罗绍聪. 大数据在电力企业经营管理中运用的分析[J]. 中国高新区，2018(23):257.

[9] 国家电网公司，国网信通亿力科技有限责任公司. 基于大数据技术的电力负荷预测方法及基于该方法的研究应用系统：CN201510991534.X[P]. 2016-06-15.

[10] 牛林. 基于大数据的电网设备状态检测与预警技术的研究[D]. 杭州：浙江大学，2015.

[11] 王文焕. 继电保护离线数据的整合及利用[C]. 中国电科院2014继电保护技术论坛论文集. 2014:56-66.

[12] 齐敏芳. 大数据技术及其在电站机组分析中的应用[D]. 北京：华北电力大学（北京），2016.

[13] 李晓东，周鑫. 电力大数据决策的应用及关键路径[J]. 信息技术与信息化，2015(7):39-42,47.

[14] 党芳芳. 电网企业业务数据质量管控技术的研究[D]. 保定：华北电力大学，2014.

[15] 聂海涛. 电力行业数字出版商业模式研究[D]. 保定：华北电力大学，2014.

[16] 黄康乾，周睿，向德军，等. 电力交易平台架构及关键技术研究[J]. 数字技术与应用，2020,38(3):75-77.

[17] 张聪慧. 智能电网大数据平台中防窃电与电力负荷子系统的设计与实现[D]. 北京：北京交通大学，2017.

[18] 哈尔滨理工大学. 一种基于数据关联性的深度异常检测方法：CN202110355665.4[P]. 2021-06-11.

[19] 姚博华. 大数据管理在电网公司用电采集系统的设计与应用[D]. 北京：华北电力大学（北京），2017.

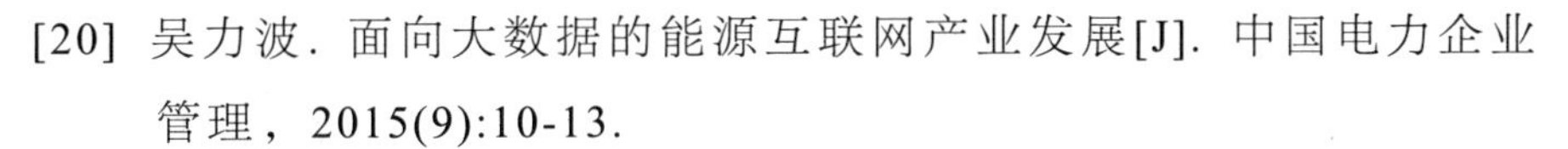

[20] 吴力波. 面向大数据的能源互联网产业发展[J]. 中国电力企业管理，2015(9):10-13.

[21] 吕新亭. 浅析我国电力企业数据中心建设[J]. 消费电子，2014(10):53-53.

[22] 赵威. 基于大数据的短期负荷预测关键技术研究[D]. 济南：山东大学，2019.

[23] 毕逸群. 大数据时代超高压电网运维管理研究[D]. 北京：华北电力大学（北京），2020.

[24] 蒋云钟，冶运涛，赵红莉. 智慧水利大数据内涵特征、基础架构和标准体系研究[J]. 水利信息化，2019(4):6-19.

[25] 李坚. 电网企业大数据平台建设与应用研究[D]. 北京：华北电力大学（北京），2018.

[26] 朱俊生. 大数据技术在能源管理服务系统中的研究与应用[D]. 北京：中国航天科工集团第二研究院，2016.

[27] 李蓉，张亮，冯国礼. 基于大数据分析的配电网停电数据管理平台[J]. 宁夏电力，2017(2):62-65.

[28] 谢永江. 促进以数据利用为中心的产权和流通交易制度[J]. 中国信息安全，2023(4):86-87.

[29] 李题印，宣成，郁建兴，等. 数智赋能时代企业数据治理能力模型研究[J]. 情报科学，2022,40(11):20-25,39.

[30] 刘盛，朱翠艳. 应用数据挖掘技术构建反窃电管理系统的研究[J]. 中国电力，2017,50(10):181-184.

[31] 程宝玉. 电力大数据在配网规划中的应用研究[D]. 北京：华北电力大学（北京），2017.

[32] 江苏云从曦和人工智能有限公司. 数据级联系统：CN202110769528.5[P]. 2021-11-09.

[33] 田科峰. 电气设备智能化技术在智能变电站的应用[J]. 安徽电气工程职业技术学院学报，2010,15(3):66-69.

[34] 王亮. 大数据背景下电力企业营销管理创新研究[D]. 保定：华北电力大学，2015.

[35] 国网天津市电力公司，国家电网公司. 一种电能表分流分析防窃电预警分析方法:CN201611157837.2[P]. 2017-05-31.

[36] 杨金龙，高骞. 能源互联网时代电力大数据应用的特征、架构及场景探析[J]. 中国集体经济，2019(18):82-88.

[37] 陈超，张顺仕，尚守卫，等. 大数据背景下电力行业数据应用研究[J]. 现代电子技术，2013(24):8-11,14.

第 3 章

电力大数据在人财物领域的应用

电力经营的精益化程度、管理水平的高低将直接决定供电企业的长远发展。要建成具有强竞争力的电力市场主体，实现企业经营管理水平的全方位提升，需要供电企业在人财物领域的精准管理，促进供电企业步入精益化管理的新阶段。本章将从人力资源管理、财务管理、物资管理方面的多个项目应用来介绍供电企业在人财物管理领域的经营管理现状，并展示大数据对企业人财物管理领域经营管理能力的提升作用。

3.1 人员配置需求分析及预测

3.1.1 应用背景

供电企业需要人力资源部门适时开展人员配置和人才需求分析及预测，引导各单位优化用工策略、创新劳动组织模式，实现人力资源最优管理。进行人工统计和分析费时费力，效率低下。大数据应用于人力资源管理，供电企业将大幅降低企业人力资源管理成本。一方面将推进业务标准化，将员工个人信息、教育信息、岗位信息、专业信息等海量数据，进行系统化、标准化和规范化梳理、统计、报表分析。另一方面将促进业务融合，促进人力资源管理系统中员工管理、专家管理、人员发展预测管理等业务流程集成，将劳动组织、员工管理和教育培训三个专业有机结合，实现公司人员配置的科学决策。此外，大数据技术集中管理和利用原来分散的各系统服务器、数据库等资源，在全业务数据系统中完成各系统升级和调整，不仅提升了员工工作效率，而且降低了系统维护成本。

3.1.2 实现设计

本节介绍某供电企业人力资源系统的应用实践。

3.1.2.1 平台架构

融合企业人力资源专业员工管理、专家人才管理、人员发展管理三个专业的相关业务应用系统，利用大数据及分布式处理技术分析处理海量数据，实现数据资源整合，构建各岗位人员流动分析、岗位与人员特征关联分析模型，根据不同的统计维度提供超缺员的趋势预测，提供实时准确的人员流动情况，提高人力资源业务管理的规范性和联动性，实现人力资源定员管理的有序发展。

基于全业务统一数据中心整体架构，设计管理平台架构，包含数据整合、存储、分析和展示 4 个部分内容。

1. 数据整合

基于全业务统一数据中心，获取人力资源集中部署系统、企业招聘平台、企业定员系统、人力资源管理信息系统的业务数据，并按照主题域接入数据仓库。

2. 数据存储

基于全业务统一数据中心的数据存储架构，采用分布式存储组件存储数据。

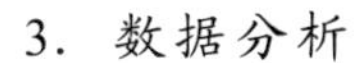

3. 数据分析

利用平台自助式分析工具，定期分析各岗位人员需求，分析历史人员流动信息、岗位设置历史数据。采用线性回归算法，建立岗位与人员特征匹配模型，挖掘各岗位专业人才配置的一般规律和特例，实现人员与岗位匹配、预测岗位需求人数等。

4. 数据展示

采用全业务数据中心统一分析服务，将存储在数据集市的数据，采用多维分析组件，可视化展现数据分析结果，为专业管理提供业务决策依据。

3.1.2.2　计算分析功能

人力资源管理系统建立了统计分析、对比分析及趋势预测等 3 类二级功能。

1. 统计分析功能

包括按单位类别统计分析、按人员类别统计分析、按年龄结构统计分析、按学历结构统计分析、按专业技术资格统计分析、按技能等级统计分析、按职务级别信息统计分析、按定员数统计分析、按历史定员数统计分析、按员工配置数统计分析、按历史员工配置数统计分析等 11 个三级功能。

2. 对比分析功能

包括按单位类别人员配置对比分析、按单位性质人员配置对比分析、按人员类别人员配置对比分析、按年龄结构人员配置对比分析、按学历结构人员配置对比分析、按专业技术资格人员配置对比分析、按技能等级人员配置对比分析、按职务级别人员配置对比分析、超缺员率统计分析、历史超缺员率统计分析等 10 个三级功能。

3. 趋势预测功能

包括专业人员需求预测、岗位超员和缺员人员趋势预测等 2 个三级功能。

3.2 财务资金分析

3.2.1 应用背景

随着售电市场的放开，供电企业将面临着优质客户流失、售电收入下降、现金流入减少的风险。运用大数据技术实现资金管理，由被动接受向主动决策转变，以往财务人员依靠核算经验来判定次月资金流入、流出数据，对缺口资金的预测也往往凭借相关业务人员的工作经验，通过多种报表数据的整合分析等方式，确定一个大概金额，这种模式工作强度大，预测准确率低，不利于科学调配财务资源。

基于机器学习的大数据技术，可以科学准确地预测出每月资金的缺口数据，大幅度地提高财务人员的工作效率，为财务资金融资、公司管理决策提供有力的数据支撑。财务人员可以在大数据平台中查看每月的预测结果，并可修正预测，实时更新修正后的预测金额，实现人工与智能的结合，使预测更加合理准确。智能化分析预测对财务核算行为、业务趋势、季节周期、客户购电行为、行业类别等多种因子，运用聚类、回归、关联分析等大数据机器学习方式进行预测，实现业务涵盖全面化、预测因子多样化、预测方式先进化。大数据技术将通过细节管控来强化日常工作，大幅度地提升财务人员的工作效率，实现资金池的智能预测，优化现金流预算管理，提升经营效益。

3.2.2 实现设计

某新兴二级市供电企业，以省电力公司大数据云平台为基础，开展了财务资金分析大数据应用实践。下面介绍该市供电企业搭建的资金缺口管理辅助决策平台。

3.2.2.1　资金缺口管理辅助决策平台架构

借助统一数据库及云服务平台，整合业务前端和财务后端数据，完善系统流程，规范业务数据，以现有历史数据分析为基础，开展资金分析预测工作，通过对现有业务进行划分，确定资金管理分析框架（如图 3-1 所示）。

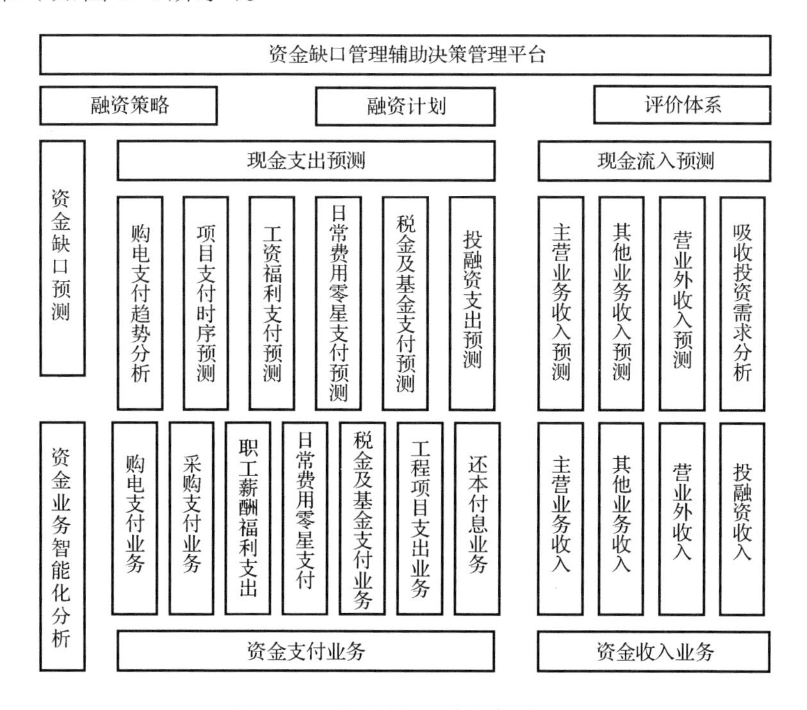

图 3-1　资金管理分析框架图

1. 多系统数据接入

获取营销、财务管控、企业资源计划系统资金收支等业务数据。对未接入大数据平台的所需数据提出接入申请，对已接入的所需数据进行检查核对，确保获取数据与系统数据的一致性。

2. 业务模型划分

根据各类资金收支分析目标，对现有数据进行梳理、整合、统计，建立业务数据对象模型。基于大数据平台的数据架构，抽取系统数据进行加工整合处理，再将符合应用需要的数据提供给相关业务系统，最后通过企业系统平台实现对 RDS 库中相关数据的展示和访问。

3. 图表结合展现

基于构建的业务数据模型，按照全面性、直观性、高效性的工作原则，采用图表结合、多维度数据展现的方式，满足多角度分析统计的需要，有效提高财务人员对业务数据的处理效率。

3.2.2.2 查询资金业务数据

展示各业务统计报表数据，财务及业务人员可以导出具体数据，如不同供应商实际已付款金额；不同用户实际已收款金额；不同用户类别、用电类别应收电费信息（电量、电费）；网间、电厂、光伏等购电信息（应付购电费、购电量、购电成本、平均电价等）；不同费用类型对应的报销单据量及报销金额；不同用户类别售电结算信息；高压居民、低压居民、低压非居民每月结算电量、结算电费、平均电价等信息。对相关信息采用图表和趋势图等方式进行展示，同时支持云搜索功能，可以快速定位、查找特定内容的数据。

1. 数据涵盖系统数量多

可以在同一个平台界面上，查询来自不同业务系统（营销系统、企业资源计划系统、财务管控系统）的数据。

2. 数据查询时间跨度大

在一张报表中可以查询自系统上线以来的数据，并可任意选择不同年度数据进行对比分析，开展售电业务电费账户资金分析。

3. 数据统计计算速度快

通过对大数据离线计算与在线计算技术的综合使用，能够有效提高数据的展现速度。即使涉及数量最多的营销电费数据，也能在两分钟内展现，大大提升了工作效率。

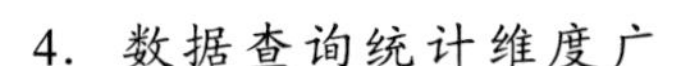

4. 数据查询统计维度广

在图形和报表的展现上设置了多维度的综合查询功能，可自定义选择查询参数。如电费账户查询功能，能够在一张报表中自由选择按年月、单位、业务大类、银行、借贷等多项参数进行查询。

3.2.2.3 分析资金业务数据

基于大数据平台，利用统计分析等技术分析资金的业务数据，为资金缺口预测方法的选择以及预测精度的确认提供参考依据。

1. 电费资金归集分析

基于营销电费账户数据模型，开展电费账户资金变动情况分析，并实现按月、日的电费账户资金归集率的在线计算，为财务人员及时掌握电费资金到账及归集情况并做出准确预测，为电费资金预测提供参考。

2. 电费收费时长分析

根据电费收费环节开展电费收费时长分析，从对实收电费下账收费时长、实收电费收费结款时长、实收电费结款到账时长的科学分析，可以清楚发现不同收费时长存在的差异。

按照用户类别、预收费来源、收费类型、缴费方式、结算方式等不同因素，对收费时长进行对比分析，可以发现不同用户类别的收费时长的个性化差异。

丰富的数据展现方式，降低了数据使用难度，极大地提升了用户体验。

3. 融资还款利息测算

基于财务管控融资贷款到款、实际还款、还款计划模型，构建融资利息测算模型，实现融资合同到款、融资利息计提、融资利息支付测算。

3.2.2.3 预测业务资金缺口

利用聚类、回归、关联分析等大数据机器学习算法，分析相应的资金流动规律，使得资金流量和资金缺口能够得到较为全面、精准的预测，实现最优资金备付，为融资计划提供可靠的依据。

根据上级省网公司融资需求，每月25日左右预测当月、次月资金缺口，预测内容包括资金流入（经营流入、投资流入、筹资流入）、资金流出（经营流出、投资流出、筹资流入）、期末货币资金余额，计算次月期末货币资金余额的预测值，为融资计划提供可靠的依据。

1. 构建资金缺口模型

以预测次月资金流入、资金流出以及期末货币资金余额为目标，搭建资金缺口模型。模型构建时采用耦合结构，为业务项调整、预测方法调整、数据源调整等提供扩展可能。从多角度出发，搭建资金缺口模型，具体如下：

（1）从单位性质角度：按照母公司合并预测、子公司单独预测的方式进行划分。

（2）从业务划分角度：预测分为资金流入预测、资金流出预测以及货币资金余额预测。

（3）从预测准确性角度：每月25日预测当月及次月的预测值，需与实际值相比较，计算出预测的偏差率。

（4）从预测人性化角度：资金智能化分析结果显示，部分业务发生的规律不明显、随机性较高，预测结果偏差率较大，如投资流入、筹资流入等业务，因此需通过人工修正的方式对预测结果进行修正，并实时更新修正后的结果。

2. 科学精准预测

以大金额业务单独预测、其他业务合并预测为原则，先获取大金额资金占比大的业务数据，并完善数据质量，逐步补充其他业务

分类数据，进而逐步提高资金缺口模型整体的数据精度。

（1）售电月度现金流量预测

将月现金流量分解为趋势分量、季节周期分量和随机分量 3 个分量叠加进行预测。其中，采用 ARIMA 模型预测趋势分量，采用基于历史同期同类分量的加权法预测季节周期分量，采用历史同期同类分量的平均值预测随机分量。

（2）购电支付业务数据预测

采集静态购电结算信息数据，利用机器学习、统计分析等方法建立预测模型，预测模型权重的设定可随系统数据的逐渐积累而调整，实现模型自适应，相比于以往依据平均值预测大致趋势的管理策略更加精准。

（3）工程支付业务数据预测

依托于电子报账系统，根据单据中的预约付款日期对应的单据金额得出次月采购工程支付数据，再根据资金收支智能化分析结果乘以相应的比例计算出预测金额。

（4）薪酬支付业务数据预测

薪酬支付业务数据每月发生率比较稳定。读取近 5 年的历史数据，剔除垃圾数据，可采用 ARIMA 模型测算次月薪酬支付金额。

（5）税金支付业务数据预测

采集近 5 年各类税种的历史数据，考虑各税种的缴纳规律，采用 ARIMA 模型，预测下个月的税金缴纳金额。

（6）融资还款金额预测

当月融资还款金额由两部分组成：一是截至当月 24 日实际还款表中的当月还款金额；二是当月 24 日还款计划表中还款日期为当月

25日至31日的预测还款金额。次月融资还款金额为还款计划表中还款日期为次月1日至31日的预测金额。

（7）融资利息预测

当月融资利息支付由两部分组成：一是截至当月24日企业资源计划系统中财务凭证当月已发生的利息支付金额；二是利息测算表中利息支付日期为当月25日至31日的预测还款金额。次月融资利息金额为利息测算表中利息支付日期为次月1日至31日的预测金额。

采用大数据预测方法可实现科学准确的预测，可为公司资金管理、融资决策提供参考，进而提升经营效益。

3. 提升预算管控力度

预测精准的前提条件是历史数据准确。财务人员可以根据分析展示的结果，督促前端业务人员提升操作的规范性及财务人员核算的统一性。搭建相关业务数据核对模型，设计校验逻辑，通过系统自动判断数据的准确性，提高工作效率。

（1）银行科目余额与电费账户余额核对。通过采集财务管控银行账户余额数据、营销系统电费账户流水数据及企业资源计划系统货币资金科目余额，建立银行账户、电费账户流水核对模型，确保财务管控银行账户余额、营销系统电费账户流水数据与企业资源计划系统货币资金科目余额数据一致。

（2）银行收支与资金业务收支核对。通过抓取企业资源计划系统中银行核算财务凭证，建立银行收支与业务收支核对模型，确保业务划分的完整性及精准度，逐步提高数据的准确度。

（3）售电收入核对。基于营销系统电费应收信息、电费收费信息、电费结款信息、电费实收信息及电费账户银行流水信息等，搭建用户电费收入核对模型，确保营销端与企业资源计划系统核算数据的一致性，降低干扰因素。

（4）购电费支付核对。基于财务管控端购电结算信息，搭建购电费支付核对模型，确保管控端与企业资源计划系统核算数据相对准确，降低干扰因素。

（5）还本付息核对。基于财务管控融资贷款合同及还款付息计划等信息，搭建还本付息核对模型，为后续预测做准备。

（6）付款申请单核对。基于电子报账系统中工程付款单据信息，搭建工程付款核对模型，通过报销单金额与财务核算金额的核对，统计分析所有采购工程付款业务中通过报账系统流转的占比，以及预约付款与实际付款的占比，为后续以报账单申请金额作为工程付款的预测金额提供数据支撑。

（7）多方位实时异常数据监控。基于资金智能化分析，可以在事前或事中监控到数据的异常，为财务核算人员提供预警，实时调整管理方式，提高工作效率，降低财务风险。

（8）构建资金业务链。以业财融合为导向，优化完善从预算到支付的全业务链条，借助信息系统，自动获取原先由手工录入产生的数据，实现预算编制、事权审批、财权审批、预算控制、财务记账、资金支付、预算执行结果反馈的全链条系统无缝对接。

3.3　资产一体化管理

3.3.1　应用背景

供电企业投资大，建设周期长，设备数量多、耦合性强、自动化程度高，且对设备的完好率及连续运转可利用率要求高，具有资金密集型、设备密集型的特点。面对庞大的资产数量和有限的管理资源，实物管理多部门协同难，资产形成多源头管控难，资产流程多样化贯通难，信息管控多系统交互难，过程管理多变动监管难，专业知识要求多人才保障难。大数据技术的应用将有效解决上述难题，在省级供电企业资产一体化管理方面取得了显著成效。

1. 监控机制更加完善

部署业务统一入口的资产一体化管理平台，通过信息化手段，构建一套资产设备联动数据的实时常态化监控体系，推进资产账卡物管理的全过程跟踪和可追溯查询，实现账卡物管理的信息共享、实时监控、管理职能协同。

2. 业务流程更加规范

开发用户资产接收辅助决策管理系统，编写设备实物识别手册规范，优化业务流程，集中业务功能，规范操作方式，有效化解规范与效率问题。

3. 资产管理业财融合

创建资产清单，使用电力生产管理系统（Power Production Management System，PMS）进行高效管理。创建“三码对应库”对资产源头进行管控，利用大数据进行分析，准确测算财务数据，有效解决资产设备账卡物管理中数据交互难、管理难、分析难的问题，使各财物管理部门间达到业财融合。

3.3.2 实现设计

某电力公司在资产账卡物一致性管理方面，利用大云物移智等现代信息化技术，构建了账卡物一致实时管控机制，建设了资产一体化管理平台、设备资产实物识别手册、源头固化设备台账等账卡物管理系统，实现了资产动态实时精益化管控，提升了企业经营管理水平。

3.3.2.1 账卡物一致实时管控机制

通过全面存量资产清查、梳理规范业务流程、严格资产源头管控、强化资产变动监控等措施，构建了资产管理（Asset Management，AM）—设备维护（Preventive Maintenance& Productive Maintenance，PM）—电力生产管理系统（PMS）联动管理的账卡物一致实时管控机制。

1. 应对业财协同多部门管理难题

根据资产管理职责分工，价值管理统一为财务部门，实物管理涉及运检、营销、科信、调度、后勤、安监、调控等多个业务部门，具体使用单位还涉及基层一线班组，这种“一维对多维”的管理关系，在实际管理中面临以下两大问题。

第一，管理意图不一致。各部门对资产管理有不同的需求，也产生了不同的管理目标和管理意图。如财务部门关注资产价值与效益，运检、调度、科信等生产部门关注资产状态与安全，后勤部门关注资产实用与够用等。同时各部门面对的考核方式和考核指标不同，在资产管理工作中容易各自为政，南辕北辙，忽视公司整体利益。

第二，管理界面有交叉。在实际管理过程中，资产因坐落地点、资产属性、基层单位职责分工等原因，存在实物资产归口管理部门的管理界限不清、互相推诿的情况，如消防设备、调度二次设备等。

该公司从分析各归口部门的管理意图、指标考核等方面入手，采取了简单实效的针对性措施，力求做到部门之间求同存异、业财融合。

（1）创建资产清单。根据资产功能和特点，结合管理效率，通过各部门反复讨论，将固定资产目录中15大类、1587小类的资产进行了部门职责划分，实行“清单式”管理，解决了部门归口职责与实物资产对应问题。

（2）预算归口管理。以财务预算管理为抓手，谁负责立项改造、采购、大修，谁就是资产归口管理部门，否则财务不予审批立项和安排预算，该措施既简单又实用，有效解决了部分管理交叉的资产由部门认领的问题。

2. 应对资产形成多源头管理难题

公司资产新增方式有电网基建、小型基建、技改、营销、信息化、零购、用户资产无偿接收等，来源呈现多源性和复杂性，要做实账卡物一致管理，需要解决以下两个难题：

第一，存量资产清理难。随着每年大量的大修、技改、配网资金投入，再加上历次的系统更新（如 PMS、IMS、TMS 等），尤其是 PMS2.0 上线开展的数据迁建，因建卡规则变动较大，系统功能等影响，对存量资产账卡物对应产生重大影响。

第二，增量资产管控难。该公司在实际管理中，生产管理部门创建设备台账与工程投产出具的设备清册没有做到有效衔接，如原来生产部门对备用设备不在 PMS 创建台账，财务部门只能通过手工建卡方式解决转资问题，存在设备台账和资产卡片“两张皮”情况，账卡物一致管理存在先天不足。

为解决上述两个难题，该公司提出了两个应对措施。一是积极利用 PMS 集中优化完善系统的契机，配合总部财务部、运检部开展专项治理工作，协商确定新系统下的设备资产管理规范；二是充分利用电力体制改革契机，采用清存量、建规则、控增量的方式，进一步解决多源头资产账卡物一致性不符的问题。

（1）积极应对系统影响

① 梳理联动问题。召集基层单位财务部与运检部集中办公，梳理分析 PMS 使用过程中存在的设备资产方面的问题，各类问题共计 53 条，其中业务规范方面的 11 条、同步规则方面的 19 条、系统功能完善方面的 15 条、历史数据方面的 8 条。如低压台区的确认、组合电器设备、二次设备的联动规则等。

② 确定解决方案。在总部领导现场指导下，该公司组织专家、

企业资源计划系统开发运维团队对问题进行逐一分析，针对提出的 53 个问题，提出可优化的同步规划方案 19 项，均予以了采纳。

③ 优化系统功能。针对联动规则优化方案，提出 PMS 功能完善需求 15 项，进行系统功能调整和优化，目前已部署系统应用。通过专项工作，努力将系统上线的影响降到最低。

（2）存量资产全面清查

① 建立专业机构。成立了由公司一把手牵头，联合财务部门和相关业务部门组成的组织机构，明确了工作职责、方案、目标等内容。

② 制订专业方案。充分发挥业务部门的主动性和关键作用，运检、营销、科信等相关部门分别制订专业子方案，指导各专业部门开展清查工作。

③ 加强专项支撑。统一聘请 97 名会计师事务所人员协助各单位开展清查工作；组建信息化专项支撑团队，统一解决信息系统数据处理问题。

④ 强化过程管控。建立信息沟通机制，建立工作督导机制，各资产管理部门组成联合督导小组，对各单位进行现场督导和问题解答。通过资产清查，解决了存量资产账卡物不一致问题。

（3）增量资产源头管控

① 基建项目资产。该公司通过“三码对应库”规范源头台账创建等措施，实现了基建工程资产账卡物源头一致。一方面，创建了“三码对应库”和“三码对应关系”，从源头上规范物资需求提报，实现物料、设备、资产一一对应和资产来源可追溯查询。另一方面，源头固化设备创建台账，通过部署企业资源计划系统与 PMS 接口，确定了 PMS 设备台账创建必须经建设、运检、物资、财务等部门的共同确认，确保设备资产信息的唯一性和完整性。

② 技改项目资产。先将需技改的资产卡片价值转入在建工程，暂停卡片折旧计提，待技改项目完工后再进行卡片赋值，并与 PMS 设备台账建立对应关系。

③ 零购项目资产。通过零购项目审批单先创建设备台账，后触发资产卡片创建流程，将卡片号与采购申请进行挂接，实现了零购项目资产台账与卡片的联动创建。

④ 城农网项目资产。针对城农网项目建设资金部分来源于财政低息贷款，后续将面临多次外部检查的情况，部署开发了城农网资产一览表，单独标记城农网资产，做到项目决算时与资产原值严格保持一致。

⑤ 接收用户资产。部署了用户资产接收风险管控系统，通过系统规范接收协议和接收清单，规范数据收集和录入，确保用户资产来源清晰，数据完整，账卡联动一致。

⑥ 跨区资产管理。针对跨区资产一方有卡无物、一方有物无卡的现状，该公司针对跨区资产以联系单形式制定了资产新增、退役、报废的信息联动机制，确保设备资产信息及时更新联动。

3. 应对资产流程多样化管理难题

资产全寿命周期管理中包括资产新增、运行（含调拨、技改）、退役、报废等多个业务流程。业务流程涉及使用部门发起、归口部门复核、财务部门审批等环节。业务单据在多部门、多系统间流转、传递。在实物操作中需要处理好以下两大问题：

第一，规范问题。

① 个别流程在设置与执行上有待规范，如原 PMS 实物资产报废流程未与企业资源计划系统联动，导致实物端已报废而资产卡片未报废现象，使用或保管部门与专业管理、财务部门信息不流畅，影响账卡物一致性。

② 个别流程系统审批节点有待完善，如实物使用或保管部门资产报废流程中缺少领导审批，各地市流程审批环节不一致导致管理上存在差异等。

第二，效率问题。

资产新增、退役、调拨、报废等业务流程点多面广，形式多样，个别流程尚采用纸质流转（如零购、调拨等），导致流程审批不及时、系统操作不规范等情况，管理效率较为低下。

该公司按照国网资产管理标准流程，结合外部监管等实际管理需求，优化业务流程，集中业务功能，规范操作方式，有效化解规范与效率问题。

（1）规范业务流程。

该公司对资产全生命周期业务流程进行梳理和分析，合并线上系统处理、线下纸质传递的业务要求，进一步规范和优化业务流程。

① 细化管理要求。结合各专业管理实际和信息系统实现方式，对账卡物对应各环节的相关要求进一步明确，确保基层使用部门、专业实物管理部门、财务部门在资产业务流程中步骤协调一致、信息流转顺畅。

② 整合纸质审批流程。对于采购、调拨、盘盈、盘亏流程等原先需要纸质审批或手工操作的业务逐项优化，部署信息系统，运用电子签章等技术手段，全面消除纸质审批单据。

③ 优化审批节点。在标准流程的基础上，结合公司管理实际，对零购、报废等资产业务增设了使用部门领导审批、公司分管领导审批等节点，并全省统一执行，使业务流程得到优化和完善。

④ 业务单据电子化。结合原始凭证电子化手段，将审批过程中涉及的业务单据凭证扫描录入到系统中，既保证了资产业务流程数

据的完整性，又提高了信息传递的快捷性。

（2）集中业务部署。

在充分调研业务需求和业务功能特点的基础上，该公司对资产管理过程中的各个功能点进行整合，集中部署到资产一体化管理平台，在线提供操作步骤方法，做到入口统一、操作规范。

① 功能模块化。根据资产管理的特点，在平台中将功能分为数据台账管理、业务流程管理、统计分析管理、辅助监测管理。其中数据台账管理主要处理设备资产主数据的新增、修改、查询等，业务流程管理主要处理资产转资、调拨、报废等流程审批或资产账务处理，统计分析管理主要出具资产相关报表以及利用大数据技术进行资产数据管理，辅助监测管理主要出具资产相关考核指标以及进行日常资产业务监控。

② 业务集成化。将所有涉及系统操作的业务进行集中管理，并针对原企业资源计划系统事务代码名称不直观（如 AS01 代表资产创建）的情况，对名称进行汉化，方便使用。

③ 功能可视化。利用可视化工具，在资产一体化管理平台首页展现资产管理业务待办等，直接点击就能进入相关功能，操作更为直观、便捷。

④ 操作规范化。将业务功能集中后，财务日常资产处理有统一入口，且操作方式有据可依，避免了需在企业资源计划系统中进行多路径操作、多条件查询而产生的不同结果。

4. 应对数据应用多系统管理难题

目前，除房屋、办公家具等部分非生产性设备外，实物资产管理均有专业系统管理（如 PMS、IMS、TMS、OMS 等），因管理目标不同，各专业系统相对独立、闭环运行，给账卡物管理带来“三难”问题，即数据管理难、数据交互难、数据分析难。

该公司充分利用国网试点开展的企业级“大数据、云计算”信息化技术，部署了业务统一入口的资产一体化管理平台。

（1）全口径管理。针对目前房屋、车辆、办公家具、办公设备等非生产性设备（含重点低值易耗品）没有专业系统管理的现状，构建了非生产性设备资产管理模块。实现了以下功能：

① 台账创建。通过定制开发，形成非生产台账的统一录入界面，对于不同大类的设备台账，可维护设备属性信息等。

② 流程审核。对非生产台账的创建、修改、删除，通过系统审核，提高台账数据的准确性。

③ 系统集成。对于固定资产类的非生产设备，通过接口同步至企业资源计划系统 PM 模块，保持双方系统数据的一致性，避免用户重复在 PM 中录入。

（2）多系统交互。平台利用企业级大数据功能，将 PMS2.0、TMS、IMS6000、OMS、企业资源计划系统等的设备台账、资产卡片数据统一抽取到平台，实现设备资产数据交互，完整展现资产账卡物对应关系。并支持管理人员对资产设备台账进行多维度、多数据查询，解决各系统之间数据交互的问题。

（3）大数据分析。利用云计算功能，整合全量设备资产台账数据，优化报表运行速度，秒级生成设备资产对应表、设备资产合规表、设备卡片信息表等报表；利用大数据分析技术，结合历年数据，应用数据分析与预测模型，开展专题预测分析，如电改后的资产折旧预测、逾龄资产预测等，解决数据分析难的问题。

5. 应对过程管理多变动管理难题

面对资产多源头、多流程、多系统、多数据的特性，客观上给资产监管带来了“二难”，一是资产信息合规监管难；二是资产异常变动监管难。

针对以上管理难点，财务部协同运营监控中心构建了一套资产设备联动数据实时常态化监测机制，推进资产账卡物管理的全过程跟踪和可追溯查询，实现了账卡物管理的信息共享、实时监控、管理职能协同。

（1）监控多角度

从资产、设备、实物的对应关系入手，从账卡物各模块对应关系正确性、关键字段信息对应率、“0”价值资产卡片、手工创建设备、新增卡片时效性等多个监控角度，设置10条在线监控规则，查找账卡物一致性监控中虚假联动、错误联动、人为联动的问题数据，并建立实时监控问题、解决问题的机制。

（2）展示多维度

① 分类汇总。通过实时监控平台，该公司将账卡物一致性监控中的问题数据按照地区、类别、电压等级、各类问题数据占比等多维度进行展示，便于掌握各单位账卡物对应的实时现状和对比分布状况。

② 层层穿透。以问题数据为目标，实现指标数据的层层穿透，可直接追溯企业资源计划系统中资产的原始数据。

（3）剖析多层级

根据指标监测异动情况，围绕指标体系因子，建立“果（指标结果）—因（问题分析）—效（管理提升）”的指标分析和流程完善机制，促进账卡物管理效率提升。

6. 建立账卡物管理人才保障机制

财务部门的资产管理岗位与业务部门协同较多，较侧重于管理，对实物资产的专业知识要求相对较高，因此管理人员的专业素养对做好账卡物管理比较重要，但实际资产管理人员的现状存在以下情况：一是缺少实物资产的专业知识，对现场实物或专业系统不熟；

二是部分县公司因人员编制问题兼职现象较多。

应对措施：针对财务人员缺乏实物资产管理专业知识的现状，通过组建资产管理虚拟团队、编制设备资产识别图册、吸收跨专业人才等方式，建立培养账卡物管理人才的长效机制。

（1）组建虚拟团队。该公司组建了资产管理虚拟团队，定期组织培训。邀请运检、营销等专业部门专家讲授专业知识，开展资产管理经验交流等，提升资产管理人员的资产管理业务素养和专业能力。

（2）编制设备图册。针对目前资产管理财务人员岗位变动快、缺乏实物管理经验，导致在现场设备盘点工作中无法快速、准确识别实物资产的现状，该公司组织编制设备资产实物识别图册，并组织资产管理人员根据图册去现场识别资产，解决资产管理人员不认识设备实物的难题。

（3）开展转岗培训。该公司开设了两期 70 多人的转岗培训班，成功将运行、修试、运检等 20 多名较熟悉设备管理的专业人才充实到资产管理队伍中，为做好账卡物管理工作提供人才保障。

3.3.2.2　资产一体化管理平台

依托大数据、云技术等技术手段，构建了资产管理全口径、资产设备一体化、流程业务全过程的管控平台，实现了资产管理业务入口统一、资产管理流程线上运行、资产报表指标秒级出具等功能。资产一体化管理平台具有以下特点：

1. 更便捷

将资产相关的操作、流程、报表集中部署，实现一次登录、统一操作；同时解决了没有专业系统支撑设备管理的问题。

2. 信息更丰富

资产信息、设备信息、PMS 信息，一表全查。

3. 分析更高效

统计全省160多万项资产，每项资产170个字段信息，用时在60秒之内。

4. 测算更灵活

可通过改变折旧方法、折旧年限等，多维度测算公司的资产折旧和逾龄资产情况，满足电改数据测算需求。

5. 指标更直观

对公司的输电、配电、变电、继电保护及自动化、通信、信息等分类设备对应情况，一目了然。

3.3.2.3 设备资产实物识别图册

设备资产实物识别图册包括：

（1）高压变电站鸟瞰图。

（2）实物资产分布图，内容包括主变、出线间隔、母联间隔、监控及自动化系统等。

（3）资产设备实物图（二次设备），内容包括名称、资产条码、设备条码、功能简介等。

3.3.2.4 源头固化设备台账

通过“三码对应库”、规范源头台账创建等措施，实现基建工程资产账卡物源头一致。

1. 创建“三码对应库”

（1）创建“三码对应库”，内容包括45000多条的物料编码、设备类型编码、资产编码等信息，三者建立对应关系。

（2）项目物资提报审核，通过“三码”对应关系对工程项目物资提报进行系统审核，规范资产来源。

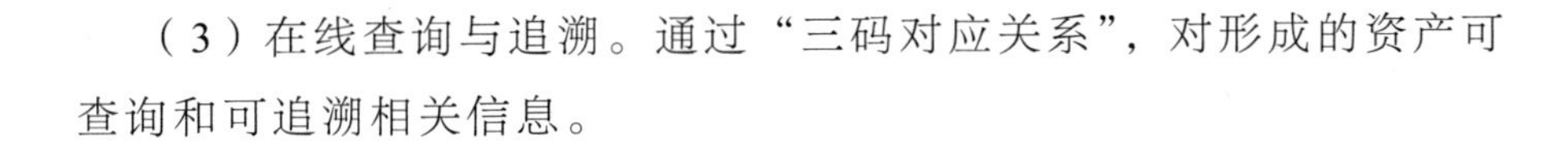

（3）在线查询与追溯。通过“三码对应关系”，对形成的资产可查询和可追溯相关信息。

2. 源头固化设备

（1）验收盘点清单导入。系统导入经建设、运检、物资、财务多方确认的现场验收盘点清单作为创建设备的唯一依据。

（2）发送设备清册至 PMS。将确认后的设备清册发送至 PMS，完成设备自动创建。

（3）PMS 向企业资源计划系统反馈设备编码。

（4）账卡物一致动态监控。

由财务部门与运营监控中心协同构建一套账卡物一致的动态监控主题，设置资产设备的状态对应、信息对应、属性对应、“0”价值资产卡片等 10 个关键指标，实现全业务流程在线监控，及时发现问题和异常情况，实现账卡物闭环监控管理。

① 设计监测规则。通过 PMS、PM、AM 模块的信息同步与联动，对实物资产、设备卡片、资产卡片等信息开展监测。

② 创建监控规则。内容包括设备对应“0”价值资产卡片、设备未对应资产、资产设备分类不一致、资产逾期未转资等 10 条监控规则。

3.3.2.5　资产设备对应率实时评价

对各单位资产设备对应率进行动态监测，并开发用户资产接收辅助决策管理系统，从安全评价、技术评价等维度进行用户资产综合风险评价，辅助资产管理部门科学决策。

（1）监测各单位资产设备对应率情况。

（2）对“98.57%”数据进行穿透，可看到市级公司资产设备对

应情况。

（3）对“177”数据项进行穿透，可看到市本级所有一张卡片对应多个设备的不合规资产明细数据。

（4）对“182”数据项进行穿透，可看到市本级所有未与设备对应的不合规资产明细数据。

（5）建立用户资产接收辅助决策管理系统。

针对用户资产接收工作的风险评估、流程审批、资料保存等环节中缺乏系统支撑的现状，公司开发部署了用户资产接收管控系统，解决了用户资产接收的风险评估、系统审批、资料电子化保存等难题。

① 用户资产信息维护，内容包括用户资产基本信息和已接收、待接收等用户资产信息。

② 用户资产风险评价，内容包括安全评价、技术评价等内容。

综合评价得分情况，根据技术评价和安全评价等计算综合得分，75分以下不接收，并以分数高低作为接收的先后排序。

3.4 电力物资供应链管理

3.4.1 应用背景

在智慧能源的时代背景下，供电企业全力推进大云物移智等现代信息技术与智能电网深度融合，打造智能化、互动化、感知化的智慧供应链体系。在大数据技术支撑下，电力物资供应链管理体系趋于完善，已建立涵盖物资管理体系各环节延伸贯通的供应链计划管理机制，建立规范、精益、高效的物资运作和物资供应服务体系，从而安排供应商提前生产，确保物资供应。物资采购集中管控，全面覆盖，库存账实一致率100%，人员精简达到最大化，大大减少了操作步骤，提高了工作效率。大数据支持下的产品身份码应用衔接，移动App信息交互，使得供需双方对账工作量减少超30%，供应商成本费用降低超10万元/年，大大缩短了供应商的结算周期，加快了回款速度，改善了供应商排产的合理性，降低了供应商的库存，提高了服务水平，实现了供需双方的合作共赢。

3.4.2 实现设计

某供电企业以已有的物资调配平台为基础，改造升级建立了互联网+电力物资供应链。建设互联网+电力物资供应链系统，涉及该供电企业内网应用、外网应用、移动应用、物联网技术应用等。下面介绍该公司基于大数据应用的电力物资供应链应用平台。

3.4.2.1 电力物资供应链业务架构

物资调配平台已建成采购协同管理应用、物资辅助分析应用、配网物资统购统配应用和供应商服务大厅应用四大应用。

1．采购协同管理应用

采购协同管理应用对内主要实现公司招标采购业务软硬件的精益化管理，对外为社会公众提供电网招标采购业务服务，包含计划审查、采购主数据管理、计划任务下达、采购项目准备、开评标准备、开评标过程、中标结果管理、财务管理、专家管理、会务管理等模块功能。

2．物资辅助分析应用

物资辅助分析应用主要通过与企业资源计划系统、IMS等业务系统的集成，集中展现计划、合同、仓储、配送、废旧物资、应急物资、质量监督及供应商关系管理等业务的处理信息，通过统计分析、监控预警、运用图形展示等方式，对物资供应的全过程进行辅助分析与跟踪监控；实现合同、仓储各类周/月报管理，对同业对标、IMS 等业务指标进行管理及预警。

3. 配网物资统购统配应用

配网物资统购统配应用可以实现物资的集中统一和高效分配，建立精确合理的统购统配模式。同时，可以加强物资计划管控，避免物资浪费，保障物资按时供应。主要功能有处理物资数据、分配仓库容量、物资寄送服务、电能管理等。

4. 供应商服务大厅应用

供应商服务大厅应用可以满足供应商一站式服务，供应商可以在此办理招投标、合同签订、合同洽谈、合同履约结算、质量监督等业务。主要包含招标采购管理、合同签约管理、履约业务管理、质量监督管理、供应商管理、满意度管理、绩效管理、报表查询、二维码技术应用、问题咨询、保函管理等功能。

3.4.2.2 电力物资供应链建设内容

该公司互联网+电力物资供应链的业务功能，在原物资调配平台已有四大应用的基础上进行功能新增和完善，并新增仓储智能配送应用。主要建设内容包括智能仓储、智能配送、质量监测、智慧服务、物资身份码、指标管控预警等应用。

1. 智能仓储

智能仓储主要基于主动配送业务模式，结合当地仓储配送的系统功能，构建符合中心库、周转库、仓储点管理的全省仓储管理系统。新增的仓储配送应用主要功能包括基础信息管理、入库管理、出库管理、在库管理、统计查询、现场看板、库内作业掌上电脑（Personal Digital Assistant，PDA）等。

2. 智能配送

智能配送主要包括供应调度、配送管理两大业务领域，其中供应调度基于配网物资统购统配应用进行改造，主要功能包括补库需

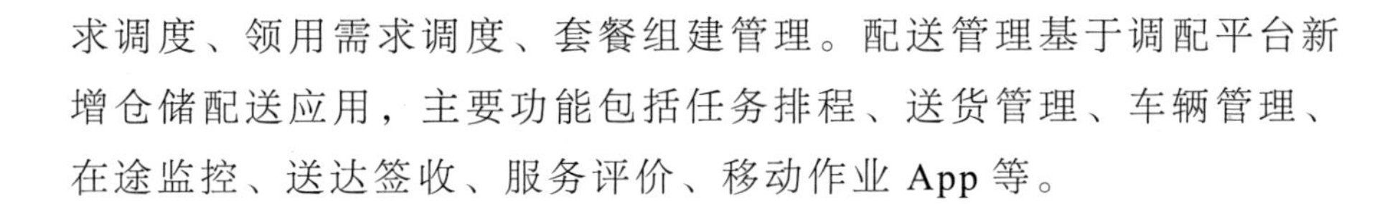

求调度、领用需求调度、套餐组建管理。配送管理基于调配平台新增仓储配送应用，主要功能包括任务排程、送货管理、车辆管理、在途监控、送达签收、服务评价、移动作业 App 等。

3．质量监测

质量监测主要针对配网物资抽检覆盖率的调整，需覆盖全物资类型。在调配平台质量监督辅助决策应用的基础上建设抽检业务全流程管控功能，主要功能包括抽检计划生成、抽检计划确认、抽检委托书、样品接收确认、检测结果及报告、抽检计划复检、退样管理。

4．智慧服务

智慧服务主要基于物资供应链全过程管理的需求，在物资调配平台统购统配、供应商服务大厅、采购协同管理已有相关功能的基础上，将物资管理相关公告通知、招标采购、合同签到、履约供应、质量监督、支付结算、问题咨询等做相应的功能建设和调整，并延伸到移动 App。

5．物资身份码

物资身份码主要针对主网 500KV 项目变压器、开关柜、电力电缆和配网变压器、开关柜、电力电缆，开展身份码应用配套功能建设。针对主网业务调整功能，包括采购订单确认后，物资身份码生成、同步供应计划、同步发货通知、发货通知生成供应商送货单、关键点见证、供应商送货、需求单位到货校验、发货操作。

6．指标管控预警

指标管控预警主要针对省物资供应公司专业对标指标分析、物资部专业对标指标分析及基于分析结果给出指标监测预警，主要功能包括省物资公司、物资部专业对标指标预警、监测管理等。

3.4.2.3　电力物资供应链可视化平台设计

基于易用性、业务完整性和可扩展性的设计原则，电力物资供应链可视化一方面要使得供应链各方参与者实时录入真实业务信息，实现前端后台之间、相关专业之间信息无缝衔接；另一方面要能提供真正让供应链各参与方从中获益的信息和决策支持。从企业互联网+电力物资精益化供应链管理建设及其业务需求的实际出发，供应链可视化平台包含供应链全程可视化、业务多维度可视化和管理多维度可视化三大主题模块。

1. 供应链全程可视化模块

供应链全程可视化模块主要功能是基于物资身份码和移动 App 的应用展示物资全程信息，具体包括物流状态可视化和唯一物资全程信息两个方面。

在供应商生产完成阶段，主网物资的初始节点在需求单位、质监部门和供应商三方的关键点见证环节，监造和抽检环节的质监信息也通过扫码记录物资的质监状态，配网物资的初始节点在供应商发货环节。

在仓储和库存管理阶段，通过开展仓库管理系统（Warehouse Management System，WMS）一体化建设与应用，将供应商已安装于设备或材料之上的二维码，通过无线射频技术在仓库的入库时进行识别登记，并形成送货清单，与送货单核对后完成物资收货、质监等相关业务。通过仓库中的库位管理功能自动形成货物的库位存放清单，指导货物存放。物资需求部门通过系统申请物资需求后，仓库自动提醒库管员货物的库位和货架号信息，完成领料发货业务。

在库存盘点中，通过无线识别装置扫描，自动盘点库存信息，避免人工逐一盘点，降低工作量，提高工作效率，并保证了数据的正确性与准确性。基于移动互联技术，开展物资仓储及配送移动作业研究，通过 PDA 和 WMS 自动化作业系统，实现库存配送数据实时采集与传输，实现仓储配送作业全过程的智能化和透明化。

该模块主要功能的实现过程为：

（1）输入主网所需的物资编码，查看该物资在当前时间点，处于供应商关键点结束状态的数量、在途数量、在库数量，计算出当前时间点的可用库存。

（2）输入配网物资编码，查看该物资在当前时间点的在途数量、在库数量，计算出当前时间点的可用库存和该物资的物资分类属性（短板物资、临界物资和充裕物资）。

（3）输入物资身份码，可以查询到该物资的信息，包括需求计划信息、中标供应商、合同签署信息、供应商发货信息、现场收货信息/仓库收货信息、质监信息、仓库发货信息、需求单位信息、项目信息、上线后的运检和报废信息等。

2. 业务多维度可视化模块

业务多维度可视化模块主要功能是便捷实现跨专业查询和统计功能，降低跨专业了解信息的难度和日常统计分析的工作量，包括物资组合信息展示、招标批次综合信息展示、供应商综合信息展示、项目组合信息展示、结算/清退信息展示 5 个方面。

（1）物资组合信息展示

按物资编码查询该物资在过去三年的历史消耗量、月底消耗占比和物资的需求特性，查询该物资的库存分布和库龄结构。按“物料编号”或“采购申请号+行项目号”“采购订单号+行项目号”获取物资的全流程信息，包括需求计划提报信息、招标统计信息，以及物资需求时间、数量、需求单位、匹配供应商、仓库容量等信息，同时跟踪协议库存的执行进度，及时进行需求计划的编制，实现预警管控工作，防止缺货现象发生，还可以将物资与招标批次、供应商和项目进行组合查询，了解某个项目或某一招标批次物资的全程信息。

（2）招标批次综合信息展示

按招标批次编号及时跟踪每批次计划采购、退回、流标、转批次以及每批次签约的合同数量和后续合同履约信息。统计查询需求计划信息，能够提前了解需求计划信息，以及保证金和代理服务费清退的各个时间节点状态。统计采购实际金额，对比分析招标金额与实际采购金额，以及历史否决投标信息、批次流标率、中标金额、代理服务费金额，并可实现按年、季度、月的统计功能。

（3）供应商综合信息展示

由供应商编号串联供应商资质信息、供应商的历史中标情况、供应商履约绩效信息、供应商质检信息和供应商评价信息，整合供应商的全面经营信息，用于物资管理需要。供应商也可以输入自己的供应商编号，查询到自中标后的全环节信息，包括中标通知书、服务协议、合同签订、合同履约、发票领用、结算状态等业务办理状态。

（4）项目组合信息展示

按项目定义和工作分解结构（Work Breakdown Structure，WBS）元素查询，可看到项目计划、可研批复、初设、综合计划等信息，了解项目物资的小类结构占比，以及项目所需物资的总金额预测。能够动态掌握单体项目、单体合同及供应商采购资金支付及应付账款清账情况，掌握该项目综合计划状态、所需物资的供应状态，查询项目下的“采购申请号+行项目号”的进展状态。同时可以及时查明发生结算问题的环节及原因，提高结算问题的处理效率，提升项目结算转资支撑能力。

（5）结算/清退信息展示

按项目定义，或 WBS 元素，或招标批次，或“采购申请号+行项目号”，或供应商查询结算信息，掌握保证金交付/清退信息，以及主网和营销物资四个款项的交付信息。能够便捷查询应付账款和应收账款的账龄和项目保证金清退状况。

3. 管理多维度可视化模块

管理多维度可视化模块主要功能是便于管理部门实现日常管理

的电子化和报表化，包括同业对标业务统计报表、电子归档、人员工作量统计报表、业务环节风险预警报表和管理层的经营月报。

（1）同业对标业务统计报表

该报表中包含计划环节、招投标环节、合同环节、质监环节、供应环节和财务结算环节。按月、季度、半年、年度或自定义时间区间统计需求计划申报准确率和完成开标评标的批次数以及项目采购金额等。提出对监造、抽检计划完成率，以及产品合格率、试验项目统计率的需求。

（2）电子归档

通过招标部门的需求汇总表，获取分标分包结果，主要包括分标名称、采购申请号+行项目号、物料信息（物料描述和数量）、分包数量、概算金额、项目单位、工程名称等信息，用于招标方案的电子归档。

（3）人员工作量统计报表

可以快速地依据统计报表分类汇总工作服务大厅人员的工作量、供应部门人员处理的需求匹配条目数和所花时间等，同时也可以按部门进行部门人员工作量的结构分析，便于人力资源部门更好地安排人力资源和进行任务分配。

（4）业务环节风险预警报表

由数据中心生成业务环节的风险预警报表，包含库存预警、供应计划预警、质量预警等信息，使得各个关键节点信息透明化。对物资缺货、积压预警，以及物资出入库汇总、执行偏差分析、协议库存执行进度等制定标准报表。

（5）管理层的经营月报

每月底通过邮件方式，将数据中心和应用平台中各业务环节的关键指标和主要活动数据汇总形成月度业务简报，简报中包含同业对标指标、经营指标和绩效指标，发送给管理层，管理层能及时掌握各部门的月度工作进度、存在问题和指标实现情况，从而更好地制订公司下一步的工作计划。

本章参考资料

[1] 国网辽宁省电力有限公司,国网辽宁省电力有限公司电力科学研究院，南京南瑞集团公司，等. 一种电网人力配置应用系统及方法：CN201710628637.9[P]. 2018-01-19.

[2] 蓝飞，金翔，王麦静. 浙江电力基于日排程的资金精益管理模式[J]. 财务与会计，2019(8):29-32.

[3] 冯昊，徐旸，张一泓，等. 新电改背景下区域电力公司融资方案风险挖掘及其区间预测[J]. 现代经济信息，2016(31):22-24.

[4] 国网浙江省电力有限公司信息通信分公司,国网浙江省电力有限公司，浙江华云信息科技有限公司. 财务资产精益化管理平台：CN201910037268.5[P]. 2019-07-12.

[5] 陈玉贤. 物联网技术赋能大型水电企业后勤实物资产精益化管理研究及实践[J]. 现代企业文化，2019(32):81-82.

[6] 褚大可，谢若承，李坦. 电网工程自动竣工决算系统的建设方法研究[J]. 中国新通信，2017,19(19):151-153.

[7] 王琳. 浅析大数据时代国企人力资源内部审计创新与实践[J]. 投资与创业，2018(12):74-77.

[8] 王为民. 物资管理如何搭乘互联网快车[J]. 国家电网，2016(10):86-91.

[9] 陆海宏. Z电力公司物资管理研究[D]. 上海：同济大学，2018.

[10] 楼杏丹，方刚毅，张晓莹. 基于物联网技术的合同结算智能化应用[J]. 现代信息科技，2018,2(10):184-186.

[11] 王海洋，赵忠强，唐建华. 面向电力物联网的电力大数据应用[J]. 电力大数据，2020,23(2):87-92.

[12] 国网浙江省电力有限公司杭州供电公司. 基于数据中台的数智审计服务微应用平台:CN202211559058.0[P]. 2023-04-07.

[13] 刘杰，娄竞，李坚. 加强创新应用 支撑企业运营[N]. 国家电网报，2018-11-20(7).

[14] 韩敬音. 跨国集团公司境外资金集中管理[D]. 北京：中国人民大学，2011.

[15] 连欢. 广州某燃料集团设备管理系统的 SAP 应用实施[D]. 济南：山东大学，2016.

[16] 程超. 基于时间序列法和回归分析法的改进月售电量预测方法研究[D]. 重庆：重庆大学，2016.

[17] 罗萍. ERP 环境下中小企业存货管理问题及对策探讨[J]. 经贸实践，2019(4):66-67.

[18] 张大巍. 广元国信小额贷款公司 SD 贷款项目风险管理研究[D]. 成都：电子科技大学，2020.

第4章 电力大数据在规划计划领域的应用

电力生产安全性和经济性的相关统计资料，通过数据共享、分类汇总、辅助分析影响着生产资料和资源的规划计划，进而影响供电企业经营效益。本章将从规划计划的重要影响因素和环节的角度选择多个案例，来介绍电力大数据的应用实践，包括在能源供给侧的可再生能源发电规模预测、在能源消耗侧的线路状态预测、在能量传输过程中的电网线损监测，以及配电网规划设计、综合计划与预算监测。

4.1 可再生能源发电规模预测

4.1.1 应用背景

我国提出了碳达峰碳中和目标，大力发展风能和太阳能等可再生能源发电成为首选方案。然而，可再生能源发电的波动性和随机性给接入系统带来安全性、稳定性和经济性上的问题。规划计划优化管理对可再生能源发电选址以及建设规模和相关预测的精度与速度都提出了更高的要求。基于准确的可再生能源发电规模预测，综合考虑环境因素、用户历史用电信息以及电网运行状态等，对影响并网的因素和资源损耗进行分析，是资源规划计划正确决策的基础。海量的气象数据、地理位置信息及电网运行监测数据构成了可再生能源发电规模预测的大数据应用基础。

大数据技术的应用提高了可再生能源发电功率预测性能，降低了企业经营管理风险。可再生能源发电功率的高精度和快速预测，可帮助供电企业有效评估可再生能源发电随机性和波动性带来的不利影响，进而采取规划和控制策略降低供电企业的经营管理风险。

可再生能源发电系统规模和实时发电功率预测结果，可提升社会资源分配效率。将其应用于优化系统运行控制策略，可有效降低一次能源消耗量、设备运维成本和传输损耗等；将其应用于优化系统设备配置，可有效降低设备的一次投资成本、系统备用容量、建设物资供应周期等。在构建新型电力系统的过程中，供电企业社会效益也是经营管理的重点。

4.1.2 实现设计

将大云物移智等信息技术与可再生能源发电技术深度融合，是当前可再生能源开发利用领域的工作重点，其中也取得了一些研究成果。Vestas 公司是风电领域公认的翘楚，不仅以风机产品先进高效和实际的可靠性闻名于世，而且规划、运行和维护也是其重要业务。目前 Vestas 公司已经将基于大数据的服务作为业务重点。其中，在风机和风电场选址方面，Vestas 公司提出充分利用各种数据资源构建大数据模型来获得最佳决策。这些数据资源包括天气数据，如气温、气压、空气湿度、空气沉淀物、风向、风速等，以及全球森林砍伐追踪图、卫星图像、地理数据和月相与潮汐数据等。

下面将从电网运行安全性的角度来讨论可再生能源发电系统并网点准入功率计算和短期发电功率预测建模。

4.1.2.1 并网点准入功率计算

从可再生能源发电厂并网运行的角度，供电企业还需考虑并网点的容许接入容量。对于并网点准入功率的优化计算，约束指标主要是线路潮流不过载，节点电压不越限。

目标函数：

$$\max \ P_{\mathrm{DG}} \tag{4-1}$$

约束条件：

$$P_i(U,\theta)=U_i\sum_{j=1}^{N}(G_{ij}U_j\cos\theta_{ij}+B_{ij}U_j\sin\theta_{ij}) \tag{4-2}$$

$$Q_i(U,\theta)=U_i\sum_{j=1}^{N}(G_{ij}U_j\sin\theta_{ij}-B_{ij}U_j\cos\theta_{ij}) \tag{4-3}$$

$$P_{\mathrm{DG}i}+P_{Gi}-P_{Li}-P_i(U,\theta)=0 \tag{4-4}$$

$$Q_{\mathrm{DG}i}+Q_{Gi}-Q_{Li}-Q_i(U,\theta)=0 \tag{4-5}$$

$$Q_{\mathrm{DG}i}=f_iP_{\mathrm{DG}i} \tag{4-6}$$

$$U_{i,\min}\leqslant U_i\leqslant U_{i,\max} \tag{4-7}$$

$$\left|I_{ij}\right|\leqslant I_{ij,\max} \tag{4-8}$$

式中，P_i与Q_i分别为节点i流出的有功功率和无功功率，U与θ分别为电压幅值和相角，G_{ij}与B_{ij}分别为支路x_{ij} $(j=1,2,\cdots,N)$的电导和电纳，$P_{\mathrm{DG}i}$与$Q_{\mathrm{DG}i}$分别为接在节点i的分布式电源发电功率，P_{Li}与Q_{Li}分别为i处负荷的有功功率、无功功率；P_{Gi}和Q_{Gi}分别为第i台发电机的有功功率和无功功率；$U_{i,\max}$、$U_{i,\min}$分别为节点i的电压上下限；$\left|I_{ij}\right|$、$I_{ij,\max}$分别为线路i-j的电流幅值和电流上限值；f_i由可再生能源类型决定。

该模型中，目标函数为可再生能源发电系统的准许功率最大化，同时要满足潮流方程［即式（4-2）～式（4-6）］、节点电压越限约束

［即式（4-7）］和支路电流越限约束［即式（4-8）］。

采用该模型对某实际系统进行可再生能源渗透率极限测算，可以得出并网点可再生能源渗透率达 40%以上。

此外，电网消纳可再生能源发电能力测算还需考虑运行的经济性。有文献测算表明，可再生能源发电系统收益与资金折现率呈负指数关系，且随着时间推移，收益呈指数形式下降。因此，可再生能源发电规模还应考虑社会经济发展带来的影响。

4.1.2.2　短期发电功率预测建模

可再生能源发电对接入系统的影响主要体现在实时发电功率大小上。可再生能源发电的实时功率特性可用式（4-9）表示。

$$P_{\mathrm{re}} = f_{\mathrm{re}}(t) \pm \Delta L_{\mathrm{re}} \tag{4-9}$$

式中，P_{re}为可再生能源的实际输出功率，$f_{\mathrm{re}}(t)$为可再生能源预测发电功率，ΔL_{re}为发电功率预测误差。

为了减少可再生能源发电功率不确定性的影响，应该尽可能提高预测精度。关于可再生能源发电预测的方法，依据输入数据与发电功率的关系可划分为直接法和间接法。其中，直接法是挖掘可再生能源发电影响因素与发电功率之间的直接关联关系。间接法是预测可再生能源发电的输入信息特征，如光伏电站太阳辐射强度、温度，或风电场风速、地形等。

在具有大量数据资源的条件下，回归分析预测法是挖掘多种因素之间函数关系的常用方法。回归分析预测法是根据自变量的变动情况来预测因变量的。根据自变量的个数可分为一元回归分析法和多元回归分析法；根据变量之间的关系，可分为线性回归和非线性回归。此外，人工智能技术的发展推动了智能算法的应用，基于大数据技术的智能算法，如 BP 神经网络、模糊神经网络、马尔可夫链、支持向量机等，在可再生能源发电功率预测方面有着广泛应用。

对南方某县安装的光伏发电阵列，基于历史数据分析气象因素与光伏发电功率的相关性，计算得到四种天气类型下气象因素与光伏发电功率的相关性系数如表 4-1 所示。

表 4-1　四种天气类型下气象因素与光伏发电功率的相关性系数

气象因素	晴天相关系数	阴天相关系数	雨天相关系数	大雨天相关系数
太阳辐射强度	0.923	0.851	0.737	0.705
温度	0.458	0.387	0.621	0.589
风速	0.092	0.148	0.516	0.543
相对湿度	0.178	0.569	0.532	0.562
大气压强	0.053	0.289	0.369	0.545

计算结果表明，对于安装在该县的光伏发电系统而言，系统发电功率受多种气象因素的共同作用，并且在不同的天气类型下，各个气象因素对光伏发电功率的影响程度不同。尽管光伏发电功率受多种气象因素的作用，且不同气象因素作用程度不尽相同，但大数据分析方法可筛选出不同天气类型下的主要影响因素，并建立影响因素与可再生能源发电功率之间的关联模型。

下面介绍基于隐马尔可夫模型（Hidden Markov Model，HMM）的光伏发电功率预测方法，该方法从历史天气数据和光伏发电功率数据中挖掘时序数据。图 4-1 给出了 HMM 预测实现过程。

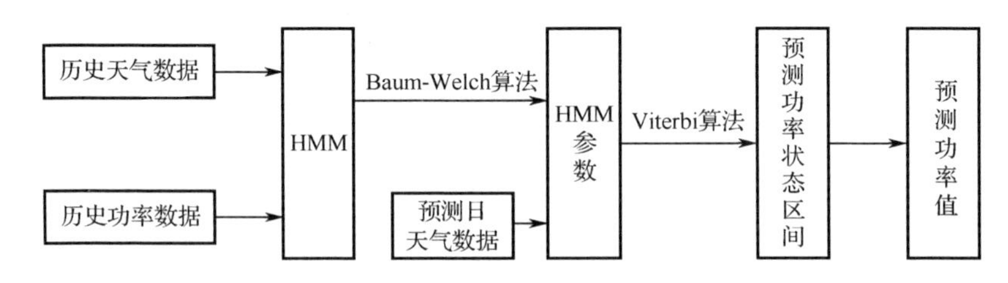

图 4-1　HMM 预测实现过程

为了提高光伏发电功率预测精度，依据相似日理论，对不同天气类型的样本进行筛选，选取与目标天气特征具有相似性的历史样本，用于对预测模型进行训练。

灰色关联度分析法可应用于选取相似日。选择相似日的具体步骤为：从最临近历史日开始，逆向逐日计算第 j 日与第 i 日的各气象因素相似度值 F_j。选取最近 N 日中相似度最高的 m 日或者相似度 $F_j \geqslant r$（r 为设定的最低相似度，取 r=0.85）的 m 日作为第 i 日的相似日。图 4-2 为某光伏电站场景下的相似日选取结果及对应的光伏发电功率曲线。

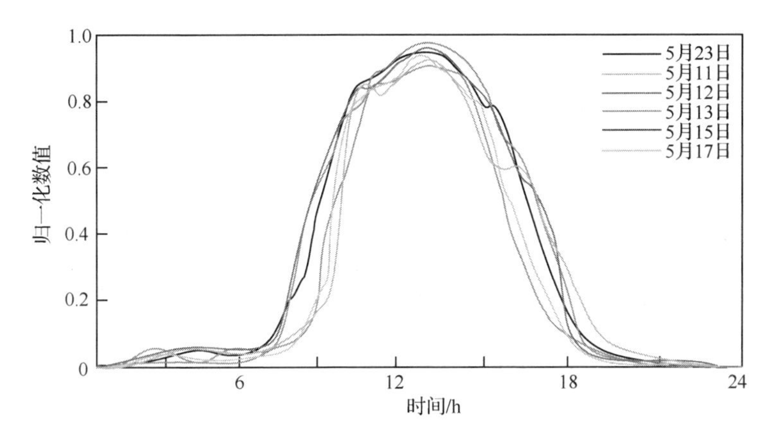

图 4-2　相似日选取结果及对应的光伏发电功率曲线

基于多个气象因素及光伏发电功率的历史样本数据，建立光伏发电功率预测模型 HMM。HMM 通常可以用 5 个元素来描述，包括 2 个状态集合和 3 个概率矩阵。

（1）n 为模型中隐藏的状态数，将状态记为 $S=\{s_1,s_2,\cdots,s_n\}$，用 q_t 表示 t 时刻的状态。

（2）m 为每个状态的观测值个数，将观测值记为 $V=\{v_1,v_2,\cdots,v_m\}$，用 o_t 表示 t 时刻的观测值。

（3）状态转移概率矩阵 $\boldsymbol{A}=[a_{ij}]$，其中

$$a_{ij}=P[q_{t+1}=s_j|q_t=s_i],\quad 1\leqslant i,j\leqslant n \tag{4-10}$$

表示在 t 时刻状态为 s_i 时，$t+1$ 时刻状态为 s_{i+1} 的概率。

（4）初始状态分布 $\boldsymbol{\pi}=[\pi_i]$ 表示系统在初始时刻处于某状态的概率，即

$$\pi_i = P[q_1 = s_i], 1 \leqslant i \leqslant n \tag{4-11}$$

（5）在隐状态 j 时刻的观测概率矩阵 $\boldsymbol{B} = [b_j(v_k)]$，其中

$$b_j(v_k) = P[o_t = v_k | q_t = s_j], i \leqslant 1, 1 \leqslant k \leqslant m \tag{4-12}$$

表示在 t 时刻状态为 s_j 的条件下，观测值为 v_k 的概率。

以某光伏电站 2016 年的数据为训练样本，选取 2017 年的数据作为测试样本，选取平均绝对百分比误差（MAPE）和均方根误差（RMSE）作为光伏发电功率预测模型评价的指标，如表 4-2 所示。

表 4-2 四种天气类型下的光伏发电功率预测模型误差

预测模型	晴天		阴天		雨天		大雨天	
	RMSE	MAPE	RMSE	MAPE	RMSE	MAPE	RMSE	MAPE
HMM	6.73	6.35	7.86	9.45	6.22	12.28	6.55	13.89

4.2 线路状态预测

4.2.1 应用背景

配电线路，无论是架空线路还是电力电缆，在运行过程中都会受到自身和外部因素的影响，发生状态转移。准确判断配电线路状态是实现配电网运行合理调控和能量优化管理的基础。

当前关于线路状态预测的研究，主要有三类方法：打分方法、统计建模方法和人工智能方法。打分法依据专业人士或行业规范采取扣分或评分方式来确定线路状态。打分法可行性好，结果简洁直观，但依赖于人员经验，具有较强的主观性。统计建模方法是应用较多的一种方法，通过对历史数据进行线路状态变化的概率计算或基准函数的参数拟合，进而得到预测结果。基于历史数据的统计建

模方法依赖历史数据，但是当前配电信息系统各部门采集的数据存在质量不高且共享受限等问题，影响了方法的可信度。为了有效提高客观性和准确性，人工智能方法应运而生。融合配电信息、政务信息和气象信息等多个不同系统的多源海量历史数据，进行多源数据融合，筛选线路状态特征变量，采用专家系统、神经网络等人工智能方法，基于样本训练和学习进行预测，可减少对人员经验的依赖，降低主观性影响。

4.2.2　实现设计

配电线路的运行状态和风险源数据涉及配电、政务和气象等多个不同系统，且信息采集记录存在描述方式不统一的问题。此外，应用人工智能技术进行学习训练的关键是要将样本均匀地分布在不同的类别中，形成满意的训练数据集，而在训练样本的配电线路状态数据中，故障样本较少，具有典型的非平衡特征。下面介绍一种基于支持向量机（Support Vector Machine，SVM）的配电线路时变状态预测方法。该方法考虑运行工况下对线路状态转移概率的影响，建立线路时变状态预测模型，采用合成少数过采样技术（Synthetic Minority Over-sampling Technique，SMOTE）算法解决正负样本的非平衡性问题，采用支持向量机算法预测线路运行工况。

4.2.2.1　配电线路时变状态转移模型

对配电线路而言，存在多种劣化运行状态的风险源。自身健康状况、自然气象条件以及外力破坏因素等将使配电线路的故障概率明显增大，从而发生正常运行状态和故障状态的转移。配电线路的状态转移过程可以采用福克-普朗克方程进行建模，可以将其故障-修复过程看作参数连续、状态离散的非时齐马尔可夫过程。基于福克-普朗克方程，建立配电线路时变状态转移模型如式（4-13）所示。

$$\begin{bmatrix} \frac{\mathrm{d}f_0}{\mathrm{d}t} \\ \frac{\mathrm{d}f_1}{\mathrm{d}t} \\ \frac{\mathrm{d}f_2}{\mathrm{d}t} \end{bmatrix} = \begin{bmatrix} -\lambda_1-\lambda_2 & \mu_1 & \mu_2 \\ \lambda_1 & -\mu_1 & 0 \\ \lambda_2 & 0 & -\mu_2 \end{bmatrix} \begin{bmatrix} f_0 \\ f_1 \\ f_2 \end{bmatrix} \tag{4-13}$$

式中，f_0为配电线路处于正常工况下发生故障的概率，f_1为配电线路处于恶劣工况下发生故障的概率，f_2为由线路老化因素导致配电线路发生故障的概率；λ_1为从正常状态到故障状态的状态转移速率，λ_2为由线路老化因素导致的从正常状态到故障状态的状态转移速率，计算式如（4-14）所示；μ_1为从故障状态到正常状态的状态转移速率，μ_2为线路老化因素引起的从故障状态到正常状态的状态转移速率，计算式如式（4-15）所示。

$$\lambda_i = \frac{N_{ji}}{T} \tag{4-14}$$

式中，N_{ji}为第 j 条线路在第 i 种工况下发生的故障次数；T为持续运行时间，单位：h。

$$\mu_i = \frac{M_{ji}}{T} \tag{4-15}$$

式中，M_{ji}为第 j 条线路在第 i 种工况下修复故障的次数。

依据历史数据计算运行工况下的状态转移速率，将状态转移速率带入福克-普朗克方程［式（4-13）］，可得到反映该运行工况下的配电线路状态时变概率。配电线路状态从正常转换到故障的状态转移速率受到运行工况的影响，如气象条件、负载率等参数不同，会导致不同的状态转移速率，因此应依据监测信息来确定线路运行工况，进而相应设置不同的状态转移速率。

4.2.2.2 基于多源数据融合的样本预处理

配电系统采集的数据多源且海量，首先需要进行数据清洗和数据合并等预处理工作；然后需要从众多故障特征变量中识别和提取与配电网故障密切相关的故障特征变量，降低样本训练难度，进而提高配电网运行工况划分的准确性。

1. 基于相关度的特征子集筛选特征变量

采用基于相关度的特征子集筛选方法，在海量数据中确定影响配电线路状态的特征变量。

定义特征子集评价函数为

$$e(F)=\frac{hr_{cf}}{h+(h-1)r_{ff}} \tag{4-16}$$

式中，$e(F)$ 为故障预测所需的候选子集的评价值，h 为候选子集 F 中包含的特征变量个数，r_{cf} 为候选子集 F 中所有的特征变量和预测变量的平均相关度，r_{ff} 为候选子集 F 中特征变量之间的平均相关度。

当 r_{cf} 和 h 越大，r_{ff} 越小时，$e(F)$ 的值越大，则说明该特征子集中的特征变量更适合作为故障预测特征变量。

将预处理后的数据分为连续型变量和离散型变量两种，如线路长度、天气温度等归类为连续型变量，线路编号、故障次数等归类为离散型变量。基于皮尔逊相关系数，计算变量之间的相关度。当变量 X 和变量 Y 均为连续型变量时，X 和 Y 之间的相关度计算公式为

$$r_{xy}=\frac{\operatorname{cov}(X,Y)}{\sqrt{\operatorname{var}(X)\operatorname{var}(Y)}} \tag{4-17}$$

式中，$\operatorname{cov}(X,Y)$ 为协方差，$\operatorname{var}(X)$ 和 $\operatorname{var}(Y)$ 分别为 X 和 Y 的方差。

当变量 X 为离散型变量时，变量 Y 为连续型变量，变量 X 和 Y 之间的相关度计算公式为

$$r_{xy}=\sum_{i=1}^{k}[p(X=x_i)]\frac{\operatorname{cov}(X_{b,i},Y)}{\sqrt{\operatorname{var}(X_{b,i})\operatorname{var}(Y)}} \tag{4-18}$$

式中，设 X 有 i 个取值，$p(X=x_i)$ 为第 i 类取值在 X 中的占比，$X_{b,i}$ 为令离散型变量 X 在 x_i 处取 1、其余取 0 时所形成的连续型变量。

当 X 和 Y 变量均为离散型变量时，假设 X 和 Y 分别有 i 和 j 个取值，离散型变量 X 和 Y 之间的相关度计算公式为

$$r_{xy}=\sum_{i=1}^{k}\sum_{j=1}^{l}[p(X=x_i)]\frac{\text{cov}(X_{b,i},Y_{b,j})}{\sqrt{\text{var}(X_{b,i})\,\text{var}(Y_{b,j})}} \tag{4-19}$$

式中，$Y_{b,j}$ 为令离散型变量 Y 在 y_j 处取 1、其余取 0 时所形成的连续型变量。

2. 基于 SMOTE 算法提高样本质量

在配电线路状态样本中，正类样本（正常状态）远远多于负类样本（故障状态），是典型的非平衡数据集。如果直接采用非平衡样本数据构建模型，正常运行样本所属的类别将主导分类，使得模型缺乏真实的分类能力。因此，有必要改善配电线路时变状态样本的非平衡性，在此采用 SMOTE 算法改善负类样本占比，以提高模型对线路状态预测的准确性。SMOTE 算法的核心思想是通过对少数类样本和其近邻样本进行线性组合来合成新的样本，从而扩充少数类样本的数量，以减轻样本集的类别不平衡现象，从而提高分类的算法性能。

这里的 SMOTE 算法采用过采样方法构建满足特征值及其关系的新样本。构建新样本的步骤如下：

步骤 1，对于第 i 个线路故障样本 x_i，计算其与其他样本之间的欧氏距离，选择离样本 x_i 距离最近的 k 个样本。

步骤 2，从最近的 k 个样本中，随机挑选 1 个样本 x。计算 x_i 与 x 之间的差 $d(x-x_i)$，并生成 0～1 之间的随机数 g，按式（4-20）生成新故障状态样本 x_n。

$$x_n=x_i+d(x-x_i)g \tag{4-20}$$

步骤 3，当 x_i 邻近的 k 个样本中故障样本数大于 $0.8k$ 时，选定 k 值。该值的合理选择为扩充后的样本正确反映原始样本特征提供保障。

步骤4，对 k 个邻近样本，完成新样本的生成，并按编号加入样本集中，

得到新的样本集。

步骤 5，设过采样倍数为 M，重复步骤 1 到步骤 4 的过程，直到生成含 M 个线路故障状态的新样本集。

4.2.2.3　基于 SVM 的线路运行工况分类器模型

统计历史数据中的故障状态，将当日某条馈线发生故障次数小于等于 1 次的运行工况记为正常运行工况，将当日该条馈线发生故障次数大于 1 次的运行工况记为恶劣运行工况，即将配电线路工况分为正常运行工况和恶劣运行工况两类。由于 SVM 在解决非线性和高维模式识别问题中具有较大的优势，在此采用 SVM 对配电线路的运行工况进行分类。

基于 SVM，将故障特征变量 x_i 和运行工况类别标签 y_i（$y_i \in \{0,1\}$）构成训练样本 (x_i, y_i)，并引入非负松弛变量 e_i，其中 $i=1,2,\cdots,l$，l 为线路数。以保证分类超平面能够将两类训练样本正确分开，建立二次规划模型，即

$$\begin{aligned}&\min F(\boldsymbol{\omega},b)=\frac{1}{2}\|\boldsymbol{\omega}\|^2+\gamma\sum_{i=1}^{l}e_i\\&\text{s.t.}\quad y_i(\boldsymbol{\omega}^{\mathrm{T}}x_i+b)\geqslant 1-e_i\end{aligned}\tag{4-21}$$

式中，$\boldsymbol{\omega}$ 为场平面法向量；b 为截距；γ 为正则化的惩罚参数。

对于式（4-21），该二次规划模型为凸优化问题，直接处理不等式约束非常困难。为便于求解，在此引入对偶变量 α_i 构建 Lagrange 函数，即

$$L(\boldsymbol{\omega},b,\alpha)=\frac{1}{2}\|\boldsymbol{\omega}\|^2-C\sum_{i=1}^{l}\alpha_i[y_i(\boldsymbol{\omega}^{\mathrm{T}}x_i+b)-1+e_i]\tag{4-22}$$

对式（4-22）中 $\boldsymbol{\omega}$ 和 b 求偏导数，并令偏导数等于零，有

$$\begin{aligned}&\boldsymbol{\omega}=\sum_{i=1}^{l}\alpha_i y_i x_i\\&\sum_{i=1}^{l}(\alpha_i y_i)=0\end{aligned}\tag{4-23}$$

将式（4-23）代回式（4-22），问题转化为对偶变量 α_i 的优化问题。引入核函数 $K<*,*>$ 将数据映射到高维空间，从而解决在原始空间中线性不可分的问题。构建模型如下：

$$\begin{aligned}&\max_{\alpha} L=\sum_{i=1}^{l}\alpha_i-\frac{1}{2}\alpha_i\alpha_j y_i y_j K<\boldsymbol{x}_i,\boldsymbol{x}_j>\\&\text{s.t.}\quad \sum_{i=1}^{l}\alpha_i y_i=0,\quad \alpha_i\geqslant 0\end{aligned} \tag{4-24}$$

$$K<\boldsymbol{x}_i,\boldsymbol{x}_j>=\exp\left(\frac{\left\|\boldsymbol{x}_i-\boldsymbol{x}_j\right\|^2}{2\sigma^2}\right) \tag{4-25}$$

对 SVM 分类器的分类能力，这里采用分类准确率和 Kappa 统计值来衡量。其中，分类准确率表征了线路状态样本的整体分类能力，当大于 0.9 即认为其分类性能优；Kappa 统计值表征了对于正常状态和故障状态这两种类别属性的线路状态分类能力，该值越大则分类能力越好。

定义分类准确率 Q 的计算式为

$$Q=\frac{n_1}{n_2} \tag{4-26}$$

式中，n_1 为 SVM 分类器准确分类的样本数，n_2 为该类别的样本总数。

4.2.2.4 基于 SMOTE-SVM 算法的配电线路时变状态预测方法

综合前述的多源数据样本预处理和线路运行工况分类预测方法，形成 SMOTE-SVM 算法，可用于计算线路时变故障概率，从而预测配电网线路时变状态。

SMOTE-SVM 算法的计算流程可分为模型训练与预警应用两个阶段。在模型训练阶段，首先对多源采集的数据进行预处理，其次采用基于相关度的特征子集筛选出密切相关的故障特征变量，然后基于 SMOTE 算法提高样本质量，构建线路时变状态样本集，最后采用 SVM 构建运行工况分类器。在预警应用阶段，首先基于 SVM 分类器实现线路运行工况分类，其次相应确定不同运行工况下的线路时变状态转移速率，然后求解福克-普朗克方程，得到时变故障概率，最后输出线路正常或故障的时变状态预测结果。

4.2.2.5　算例分析

采集某市 69 条馈线配电生产管理系统中的历史故障记录、台账及负荷等信息，并通过中国大气同化驱动数据集获取气象数据。对多源数据进行预处理，选取 4 月份的数据作为训练样本，选取 5 月份的数据进行算法有效性验证。相关数据如图 4-3 至图 4-11 所示。

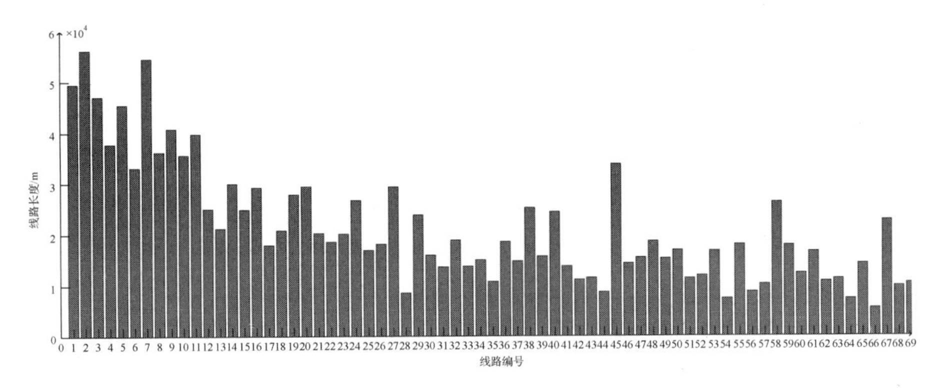

图 4-3　馈线长度

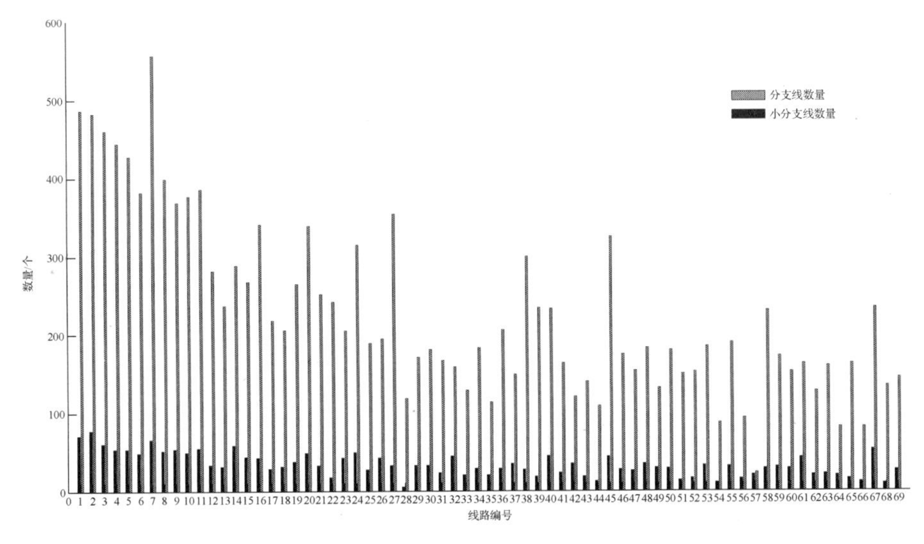

图 4-4　分支线和小分支线数量

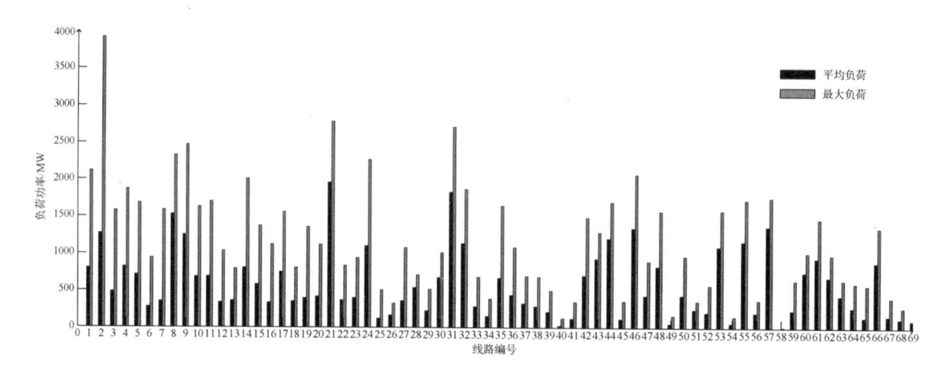

图 4-5 线路负荷

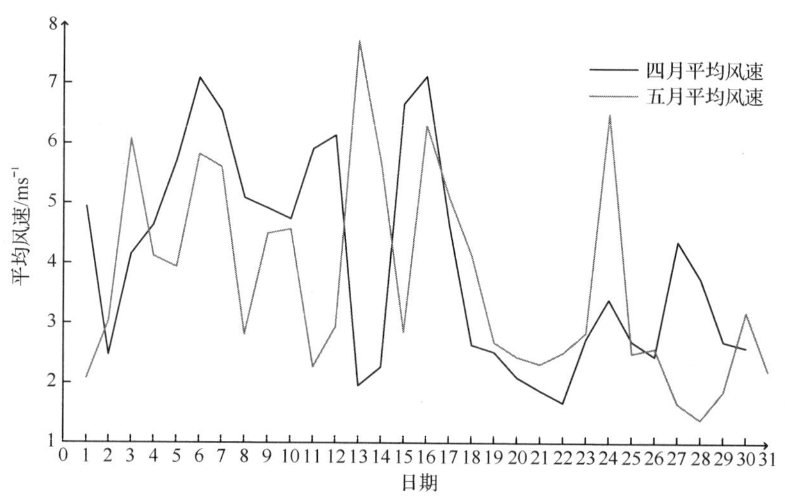

图 4-6 平均风速

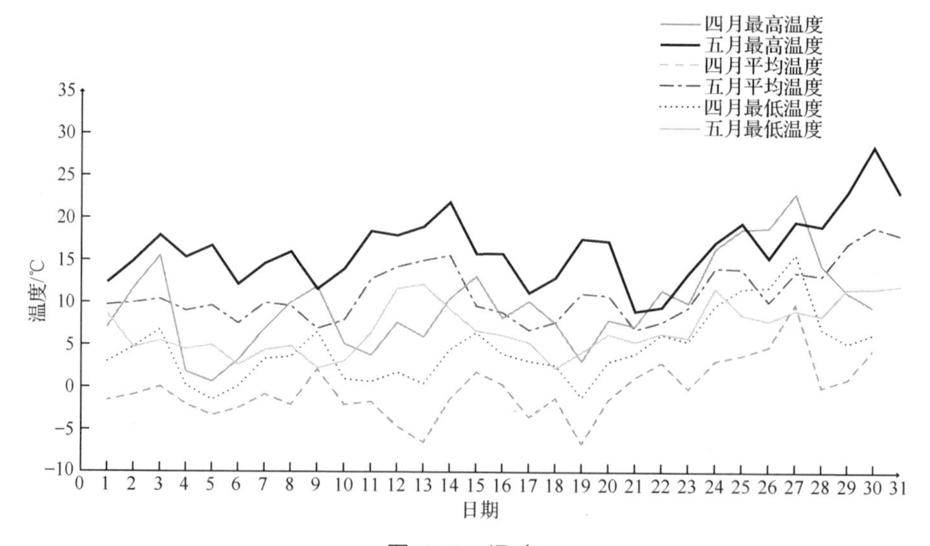

图 4-7 温度

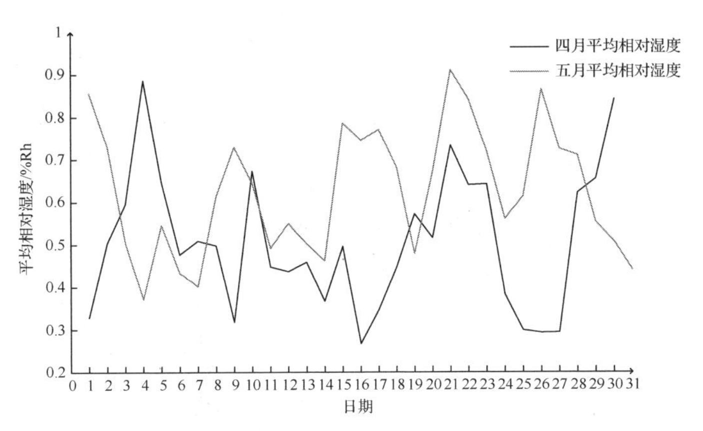

图 4-8　平均相对湿度

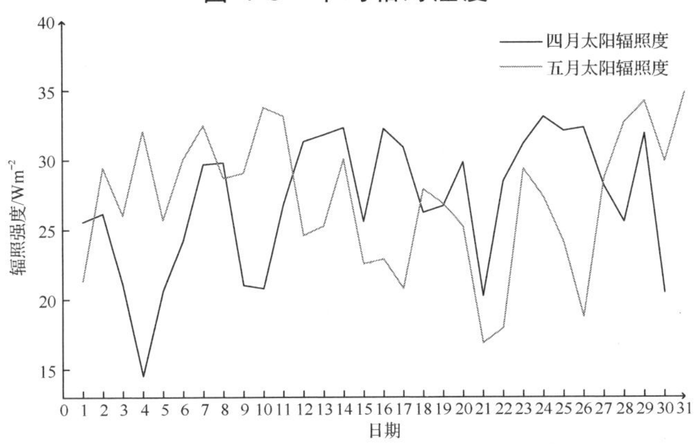

图 4-9　太阳辐照度

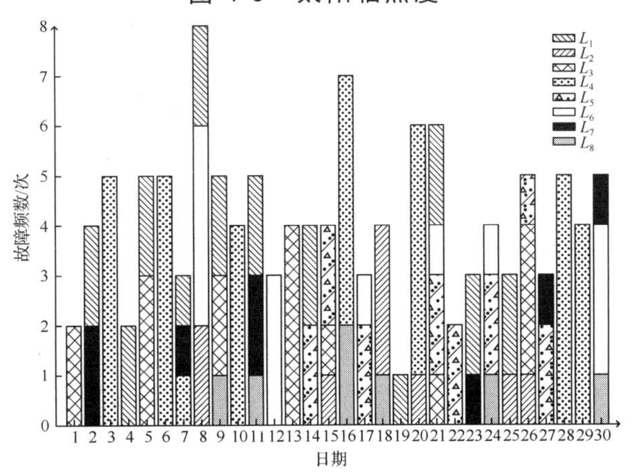

图 4-10　线路 L_1～L_8[①]四月份故障频数

① 算例系统数据记录中故障次数最多的线路，标记为 L_1～L_8。

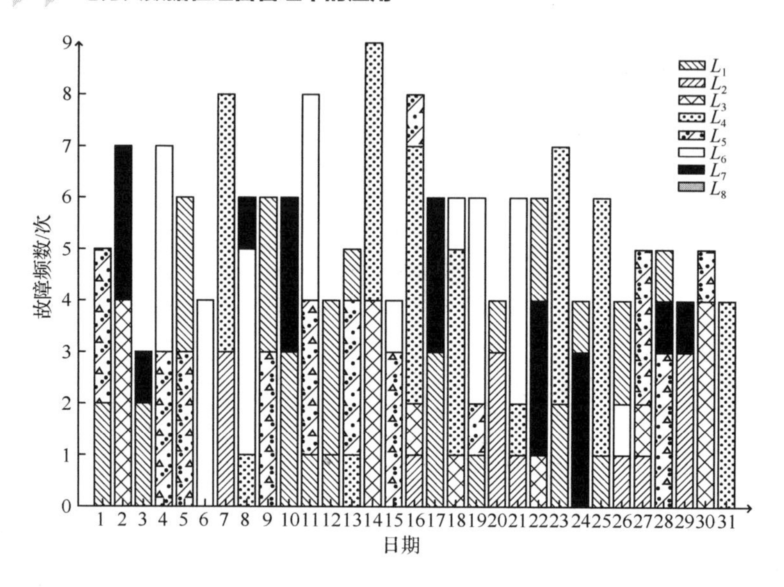

图 4-11 线路 L_1～L_8 五月份故障频数

1. 选取特征变量

基于 4 月份的数据构建原始训练样本，计算变量之间的相关度，部分特征变量和线路时变状态之间的相关度如表 4-3 所示。

表 4-3 部分特征变量和线路时变状态之间的相关度

特征变量	相关度	特征变量	相关度
馈线长度	0.0948	最低温度	-0.0167
最大负荷	0.0916	平均相对湿度	-0.0298
平均负荷	0.0570	平均温度	-0.0321
平均风速	0.0543	最高温度	-0.0382
太阳辐照度	0.0033	雷击次数	0

基于特征子集评价函数值，选取馈线长度、最大负荷、平均负荷、平均风速、最高温度、平均温度、平均相对湿度作为算例系统的故障特征变量。

2. 改善训练样本的平衡性

原始样本集具有很强的不平衡性。采用 SMOTE 算法，设置 M=18、k=5，改善原始样本集的平衡性，算法处理前后的样本集构成如表 4-4 所示。

表 4-4　采用 SMOTE 算法处理前后的样本集构成

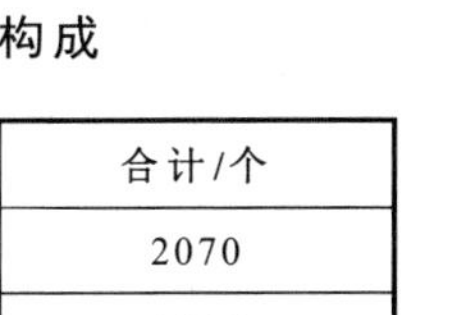

样　本　集	正常工况/个	恶劣工况/个	合计/个
原始样本集	1860	210	2070
处理后的训练样本集	1973	1843	3816

由表 4-4 可知，采用 SMOTE 算法处理后，恶劣工况样本数占比由 10.1%提高到 48.3%，样本集的平衡性得到了显著改善，为构建 SVM 分类器提供了具有较好平衡性的训练样本集。

3. 构建 SVM 分类器

采用 SVM，将误差参数设置为 0.001，损失值设为 0.1，构建线路运行工况分类器。选取 5 月份的数据来验证分类器的正确率，统计工况分类准确率和 Kappa 统计值如表 4-5 所示。

表 4-5　SVM 分类器运行工况分类能力

条　　件	分类准确率/%	Kappa 统计值
SMOTE 算法处理前	93.1	0.219
SMOTE 算法处理后	92.4	0.848

从表 4-5 可以看出，经过 SMOTE 算法处理后，分类准确率虽然有所下降，但是 Kappa 统计值上升明显，这表明样本的不平衡度得到了改善，分类器的真实分类能力得到了提高，验证了 SVM 分类器的有效性，相比于传统分类器具有优越性。

4. 求解时变状态转移模型

求解时变状态转移模型，可以计算出配电线路在不同运行工况下的时变状态转移概率。表 4-6 给出了线路 L_1～L_8 5 月份正常工况和恶劣工况下的预测结果。其中，设各条线路由老化因素引起的状态转移速率相同，取 λ_2=0.00046（次/h）、μ_2=0.05（次/h）。设线路其他故障的维修时间控制在 2 小时内，取 μ_1=0.5（次/h）。线路 L_1～L_8 与运行工况相对应的 λ_1 取值如表 4-6 所示。

表 4-6 配电线路 L_1～L_8 的线路状态转移速率 λ_1（单位：次/h）

线路号	正常工况	恶劣工况	线路号	正常工况	恶劣工况
L_1	0.007	0.083	L_5	0.002	0.083
L_2	0.006	0.097	L_6	0.003	0.138
L_3	0.003	0.116	L_7	0.006	0.083
L_4	0.002	0.262	L_8	0.002	0.083

当线路状态由正常向故障发生状态转移时，将给系统带来失负荷风险。将线路 L_i 在运行工况下的失负荷风险 R_i 定义为

$$R_i = f_i S_i \tag{4-27}$$

式中，f_i 为线路 L_i 的故障概率；S_i 为线路 L_i 发生故障后可能缺失的负荷量，在此用该线路的平均负荷代入计算。

此外，为了验证上述方法的优越性，在此以比例风险模型（Proportional Hazard Model，PHM）为基础，构建考虑天气条件和负荷条件等多种影响因素的线路故障概率模型，并基于训练样本采用最大似然估计拟合参数。计算各线路 5 月份每天的故障概率，取不同工况的概率平均值作为相应工况下的故障概率与上述算法的计算结果进行比较。

表 4-7 展示了线路 L_1～L_8 相应的计算结果，包括采用上述方法计算得到的结果（后续简称 SVM 法）、采用比例故障模型计算得到的结果（后续简称 PHM 法）、5 月份数据的统计结果（后续简称真实值），以及恶劣工况下的失负荷风险。

表 4-7 线路 L_1～L_8 的时变故障概率

线路号	正常工况下故障概率/%			恶劣工况下故障概率/%			恶劣工况下失负荷风险/MW
	SVM 法	PHM 法	真实值	SVM 法	PHM 法	真实值	
L_1	0.57	0.70	0.64	9.84	0.79	10.33	90.2
L_2	0.56	0.64	0.59	10.96	0.78	13.33	161.8
L_3	0.53	0.66	0.59	12.01	0.78	16.67	95.9

续表

线路号	正常工况下故障概率/%			恶劣工况下故障概率/%			恶劣工况下失负荷风险/MW
	SVM 法	PHM 法	真实值	SVM 法	PHM 法	真实值	
L_4	0.52	0.73	0.51	21.34	0.83	19.66	190.5
L_5	0.52	0.69	0.58	9.84	0.80	12.48	121.3
L_6	0.53	0.71	0.54	13.67	0.78	17.67	60.0
L_7	0.56	0.80	0.63	9.84	0.77	12.50	51.8
L_8	0.52	0.69	0.61	9.84	0.80	11.40	208.6

由表 4-7 可以看出，SVM 法和 PHM 法这两种方法对正常工况下的故障概率，计算的相对误差相差不大，都具有较好的计算精度，但是对于恶劣工况下的故障概率，SVM 法的计算精度要明显高于 PHM 法。SVM 法的最大相对误差出现在线路 L_3 的恶劣工况下，而 PHM 法的最大相对误差出现在线路 L_4 的恶劣工况下。SVM 法整体具有较小的相对误差，这表明了 SVM 法的有效性。

虽然考虑了线路自身因素、负载情况以及天气等因素，但是算例系统的训练样本为一个月的数据，且信息量有限，样本量较少，这对于依赖历史数据进行参数拟合的 PHM 法影响较大，因此其具有较大的误差。SVM 法通过提高样本质量而提高了对线路运行工况的分类精度，为预测的准确性奠定了基础，表 4-7 给出的计算结果表明 SVM 法在小样本条件下具有更高的计算精度。

分析表 4-7 的计算结果，可以看出，当配电网处于恶劣工况时，配电线路时变故障概率会明显上升，同时恶劣工况下的线路具有较大的失负荷风险。配电网运行调控人员应密切关注高风险的线路，并且及时做好相应事故预案和风险控制措施。

基于 SVM 算法的配电线路时变状态预测方法，在小样本条件下具有一定的优势。其中，SMOTE 算法降低了样本集的非平衡性，提高了训练样本质量；采用 SVM 算法构建运行工况分类器，避免了主观经验带来的偏差，实现了多因素运行工况的客观准确分类；基于福克-普朗克方程的线路时变状态转移模型，给出了不同运行工况下的线路状态时变概率。

4.3 电网线损监测

4.3.1 应用背景

在电能传输过程中，各级变压器、输电线路等元件会产生电能损耗，带来线损。线损的高低将直接影响供电企业的运营效益和经济成本。线损无法避免，只能尽量减小。线损率是衡量电网企业综合管理水平和经营效益的一项重要指标，可直接反映电网运行方式和网络架构是否合理，可为电网建设和改造提供决策依据，因此实时准确地计算线损非常重要。前期由于相关基础数据不全、专业数据共享程度不高，加之各地区对线损重视程度不同，因此线损的计算结果波动较大。目前，电力系统中已实现了“变电站-线路-配变-用户”各级电量数据的自动采集，为线损实时分析提供了准确数据。大数据高效的实时计算分析功能，有效支撑了节能降损监测与线损波动预测，提高了线损管理工作效率。基于线损分析结果的设备改造措施，提高了设备运行效能，降低了系统运行成本，推动了调控、运检、营销等业务融合，为电网科学规划、经济运行、线损分析、降损措施的制定提供了数据支撑，提升了线损精益化管理水平。

4.3.2 实现设计

某供电企业针对线损精益化管控水平还需提升的现状，研发了电网线损监测分析系统，实现了降损趋势、地区差异和结构对比等角度的统计线损及线损理论分布情况的展示。下面简要介绍该系统

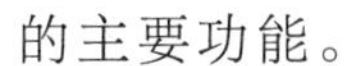
的主要功能。

该系统采用数据复制技术从计划信息管理系统、用电采集系统、营销业务应用系统等系统中实时、非实时抽取和采集相关数据，这些数据主要包括综合线损率、电压等级、损失电量、无损电量、全社会用电量、台区数量、售电量、采集覆盖台区数据和用电采集成功率等，然后进行分压线损统计、行业用电分类、电力销售明细、台区统计等历史业务数据的统计、分析和挖掘。

该企业研发的电网线损监测分析系统实现了线损整体情况监测分析、地区线损分析、分压线损分析和台区线损监测等功能。

1. 线损整体情况监测分析

该功能主要用于监测供电企业辖区内综合线损率情况，通过月度横向对比、波动分析，监测综合线损率的变化趋势。图 4-12 展示了该供电企业辖区内 2011—2016 年综合线损率统计情况。

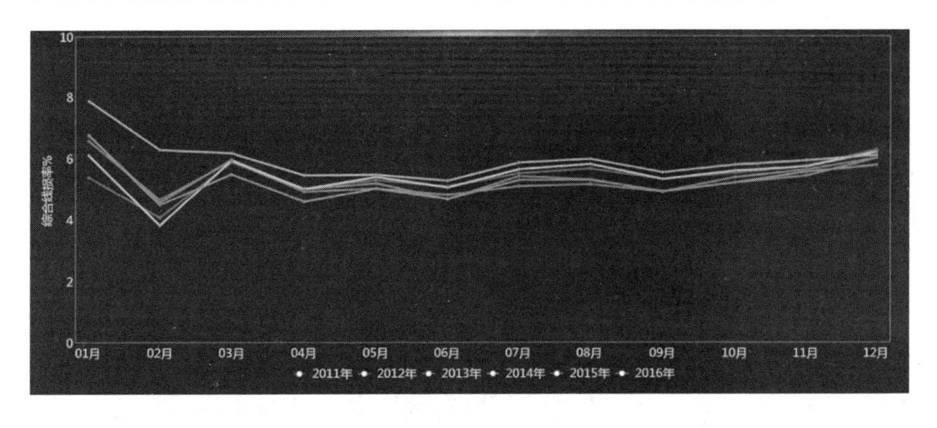

图 4-12　2011—2016 年综合线损率统计情况

2. 地区线损分析

该功能主要用于监测管辖地区内各供电单位的降损情况，结合售电情况及全社会用电量，对各地区的线损平均降速、售电量平均增长率、全社会用电量平均增长率进行关联分析，监测降损效益与用电结构的关联关系。图 4-13 展示了 2011—2016 年部分地区电量及线损统计情况。图 4-14 展示了 2011—2016 年部分地区按电压等级统计的电量及线损情况。

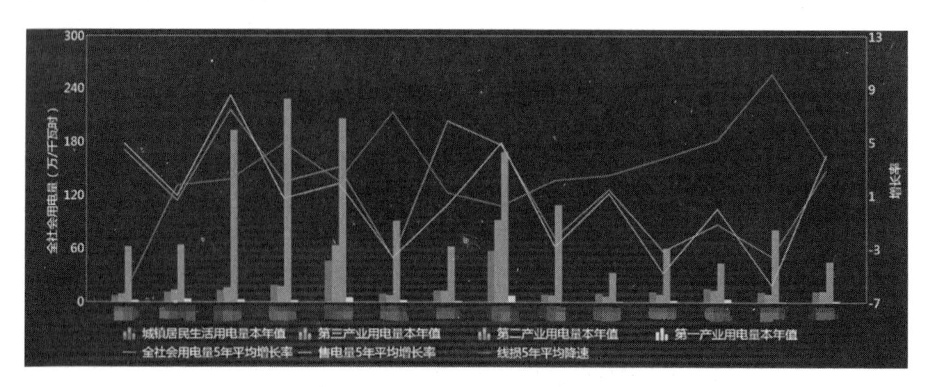

图 4-13　2011—2016 年部分地区电量及线损统计情况

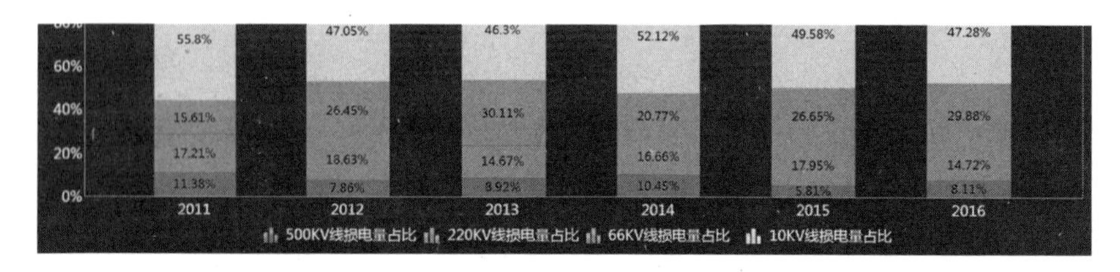

图 4-14　2011—2016 年部分地区按电压等级统计的电量及线损情况

3. 分压线损分析

该功能主要用于按照供电单位、电压等级等维度，对辖区内各地区线损电量、线损率结构分布进行监测和对比分析。图 4-15 和图 4-16 展示了 2011—2016 年部分地区按 10kV 和 66kV 电压等级分别统计的线损电量平均增长率情况。

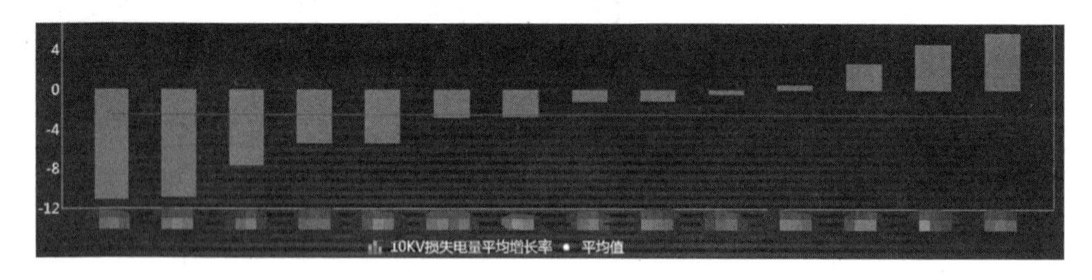

图 4-15　2011—2016 年部分地区 10kV 电压等级下的线损电量平均增长率情况

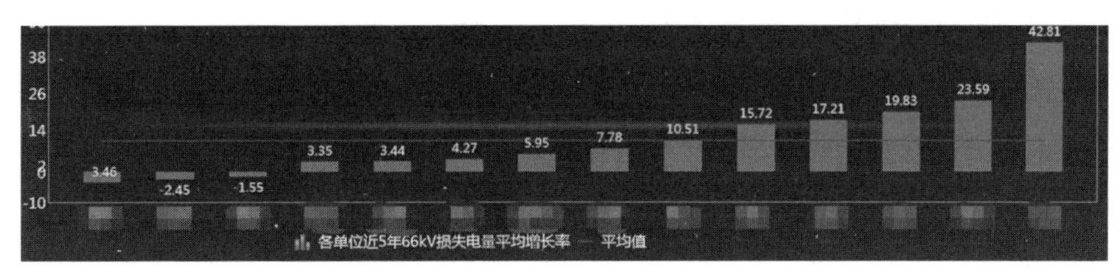

图 4-16　2011—2016 年部分地区 66kV 电压等级下的线损电量平均增长率情况

4. 台区线损监测

该功能主要用于分析公用配电变压器供电区域的损耗，查找存在高线损的地区和部位，统计辖区各个台区的线损变化情况。图 4-17 和图 4-18 展示了某区域的台区数量情况和低压台区线损率情况。

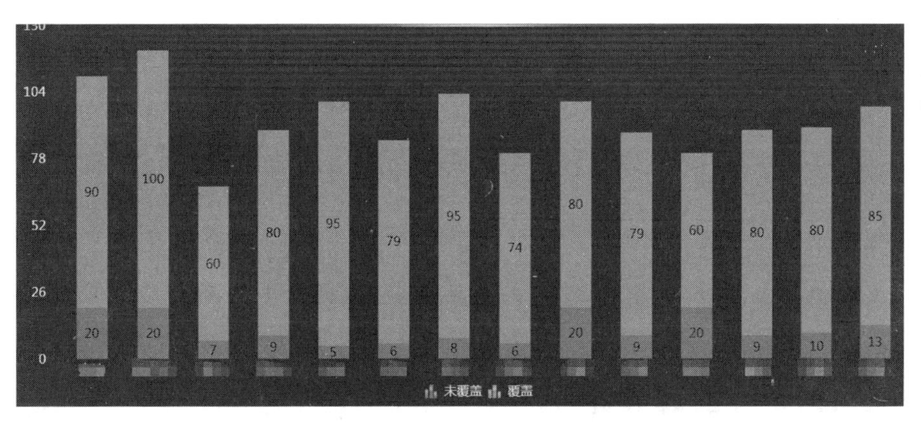

图 4-17　某区域的台区数量情况

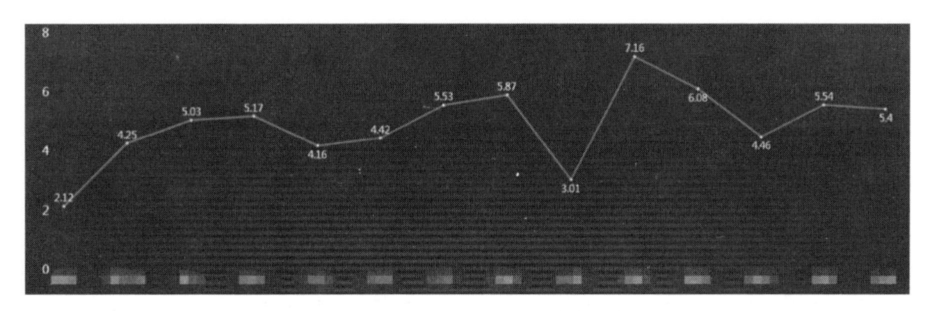

图 4-18　某区域的低压台区线损率情况

该系统开展电网线损监测分析，实现了低压台区数据全覆盖采集，推进了对监测发现的高损线路、高耗能变压器、老旧计量装置的改造，实现了同期线损下降 4%，综合线损累计下降 18%，有效提升降损效果。

4.4 配电网规划设计

4.4.1 应用背景

配电网规划涉及的数据相对庞杂，配电网自动化管理水平偏低，系统集成度不高，导致目前配电网规划效率和精确度比较低。配电网规划是电网安全的第一道防线，应充分重视配电网规划管理，提高配电网规划效率和管理水平。

大数据的应用，将从地理、时间、用户、网络拓扑、运行情况、外部条件、利益分析等多个维度立体聚合配电网规划的相关数据。对配电网规划涉及的数据进行自动抽取，梳理数据逻辑、监测数据质量，夯实了配电网规划精益化的基础。以网架和设备为对象，多重复合，形成配电网立体式诊断成果，明确各层级工作范围和工作重点，多层次提升配电网规划设计效率。

4.4.2 实现设计

某供电企业构建了基于大数据的配电网规划智能辅助平台，为下属地市公司的规划设计人员和评审人员提供配电网规划数据查询、配电网规划预测分析、配电网规划辅助决策、配电网规划评审等功能。执行层实现了快速查询配电网细节和标准化设计；管理层快速定位了工作范围和工作重点；领导层拥有了精益化投资决策的依据。

该企业构建的配电网规划智能辅助平台重点开展了数据整合与分析预测两方面的工作，助力配电网规划工作效率的提升。

1. 多业务系统数据的梳理及整合

通过数据中心接入生产管理系统的运行参数数据、SCADA 系统数据和用电信息采集系统数据，设计、开发了电网参数类报表、运行数据类报表、诊断分析类报表，自动整理并展示规划所需的各类数据和报表，例如自动生成 10kV 及以下中压配电网结构指标、中/低压线路供电距离分布、变电站无功补偿容量配置分布表等。同时，报表支持多维度查询，可根据供电区域、电压等级、时间等维度设置筛选条件，进行查询分析和导出。

2. 多维度数据统计分析与预测

基于计划信息开展用电量分析预测，主要包括供给侧与需求侧对比分析、电网故障运行诊断、全社会用电规模分析、供电可靠性分析、台区线损分析、不同区域负荷差异分析、发电供电结构分析、供电企业财务状况分析等。

基于上述工作，该平台配置了配电网规划相关功能模块，主要包括数据中心、诊断分析、电力电量预测、目标网架设计、项目评价等。在此基础上，可跟踪分析售电量、利润总额、投资完成率等关键指标，开展产业用电形势预测。

1. 数据中心

数据中心模块，包括电网概览、专业指标和社会经济等子模块，形成利于规划业务相关管理人员和设计人员了解配电网规划全局整体情况的界面，如图 4-19 所示。

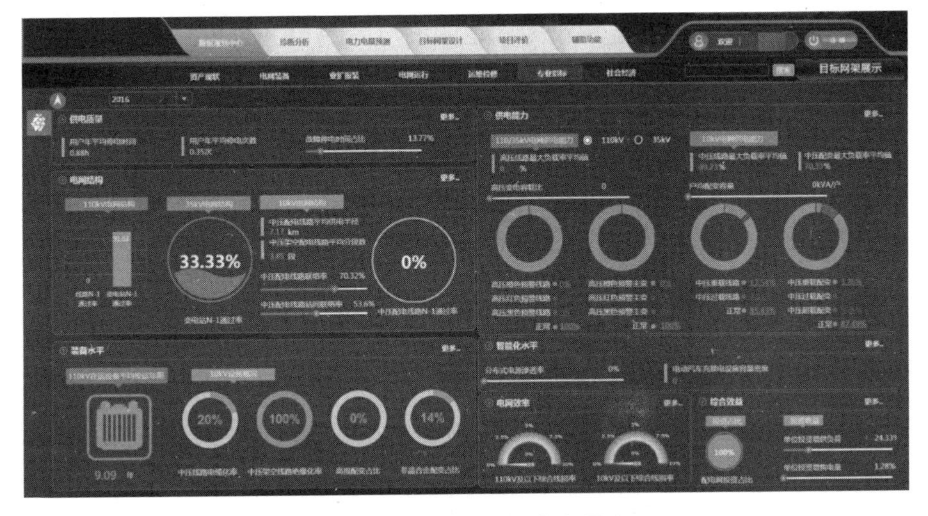

图 4-19　数据中心模块界面

2. 诊断分析

诊断分析模块界面如图 4-20 所示，包括网架合规性分析、设备状态分析、公变容量需求分析、网架拓扑分析、业扩报装分析、新能源分析和新型用电形式等子模块。

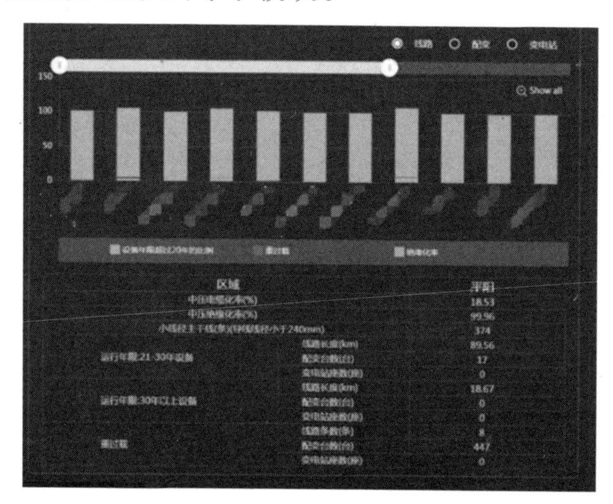

图 4-20　诊断分析模块界面

3. 电力电量预测

电力电量预测模块界面如图 4-21 所示，包括电量预测、负荷预测、结合报装情况、GDP 增长率等子模块，可进行区域（市/县/网格）、台区电量预测。

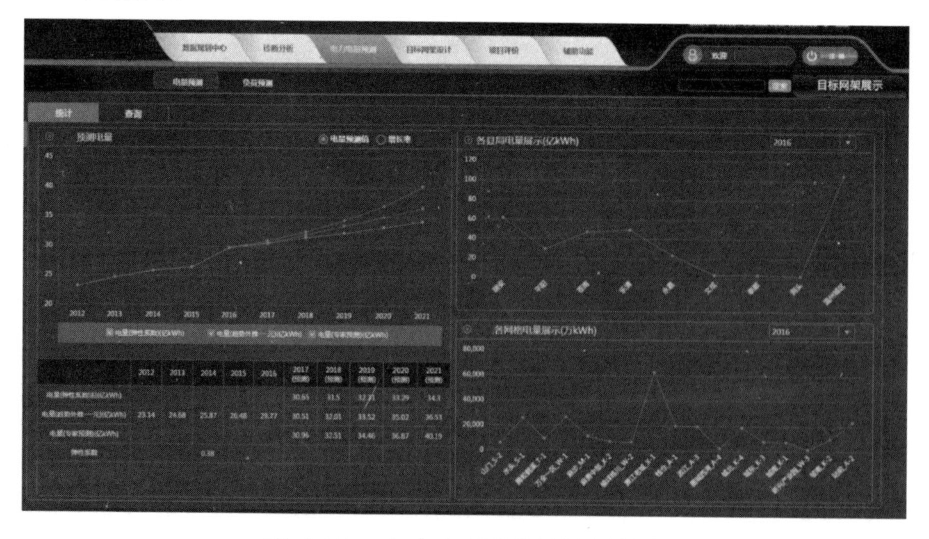

图 4-21　电力电量预测模块界面

4. 目标网架设计

目标网架设计模块将网格化规划成果录入，按网格展示区域配电网的地理接线图和网络拓扑图（现状图、近期规划图、远景目标图），构建可视化展示工具，其界面如图 4-22 所示。

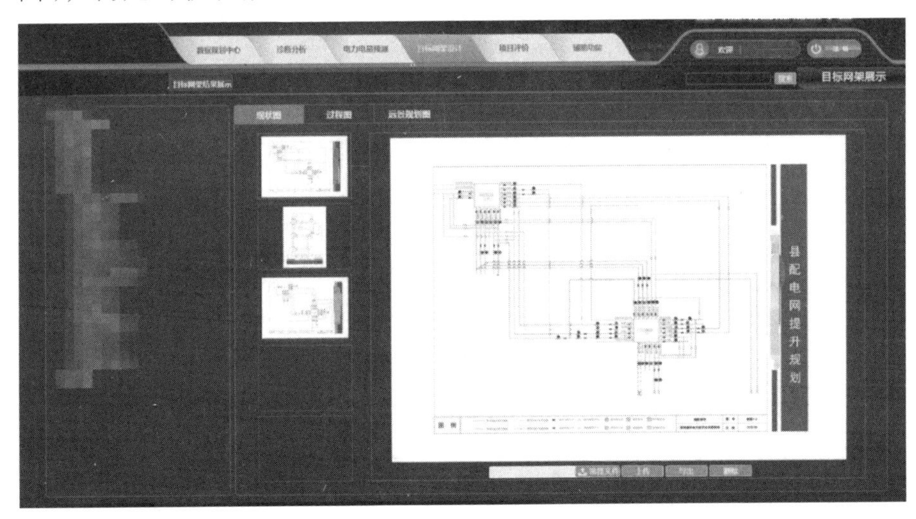

图 4-22　目标网架设计模块界面

5. 项目评价

项目评价模块界面如图 4-23 所示，包括项目必要性分析、项目经济效益分析、星级评价和规划后评估等子模块，为优选项目提供数据参考。

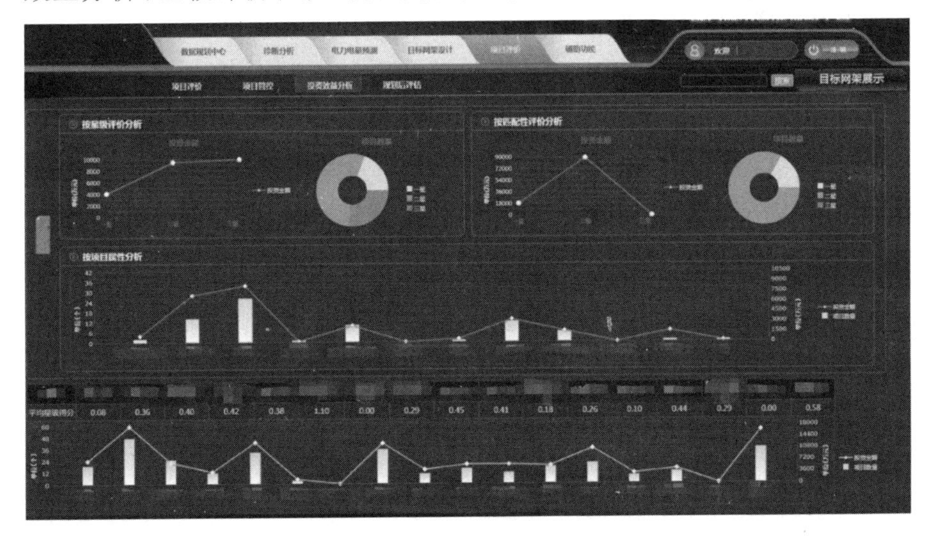

图 4-23　项目评价模块界面

目前,该平台通过数据中心接入17类生产管理系统的运行数据、55类SCADA系统数据和22类用电信息采集系统数据，梳理和整合了三大系统的配电网参数和运行数据，有效提升了配电网诊断分析、配电网规划的准确性和有效性。

4.5 综合计划与预算监测

4.5.1 应用背景

计划和预算是公司运营的“龙头”和“抓手”。企业综合计划与预算执行水平是评估整体运营风险的重要指标。然而，综合计划与预算执行水平受到地区经济发展状况和物资供应商生产与经营能力等多种因素的影响。综合计划与预算监测涉及经营业绩、投资建设、资产质量等众多指标，大数据技术提供了海量数据的处理能力和及时准确的分析结果，通过动态评估企业的整体经营情况，为统筹资源和调整策略提供参考，从而提升企业的经营管理能力。

基于监测综合计划与预算执行情况，动态评估资产、生产及营销等各环节指标情况，及时发现物资供应不及时、资金支付不合理等问题，将有力促进企业物资供应管理水平的有效提升。特别地，实现了对供应商的有效监控，提升了对供应商的管理水平。公开透明的物资管理、快速高效的资金支付，有效促进了企业与供应商的协同和企业资金的良性运转，有效提升了企业的社会形象，增强了企业的市场竞争力，也为其他企业和政府的物资管理提供了借鉴。

4.5.2 实现设计

综合计划和预算监测主要通过展示经营业绩、资产质量、投资建设以及供电服务等经营指标的执行情况，分析评估企业经营的整体情况，将大数据技术应用于当前指标完成情况以及设备台账、资产情况、供电生产调度和电力营销情况等历史业务数据的计算统计、报表分析和数据挖掘。某供电企业应用大数据技术，构建了全方位、常态化的综合计划与预算监测系统，实现了对投资建设、生产运行和营销服务等重点指标的常态监测、在线分析。

图 4-24 展示了配电网工程的计划与预算管理情况，从项目总体概况、项目资金分析和项目进度分析等方面开展工程全过程资金与工程进度的动态闭环管理，实现了综合计划与预算的精准管理。

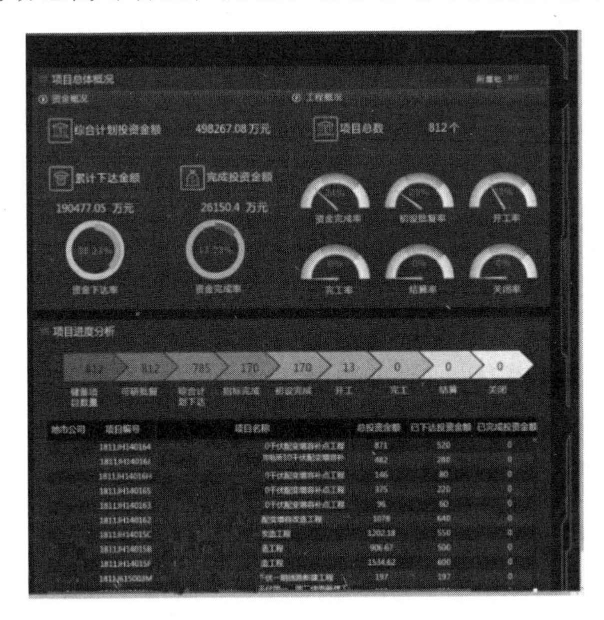

图 4-24　配电网工程的计划与预算管理情况

该综合计划与预算监测系统，目前可实现 6 项一级功能以及 56 项二级功能。

1. 投资建设状况监测

从计划年度、供电单位、项目类型等维度，对固定资产投资、电网建设规模、计划完成进度、项目工程进度等进行监测分析，采用同期对比、横向对比、历史拟合等分析方法，监测分析投资建设的计划执行情况，如图 4-25 所示。

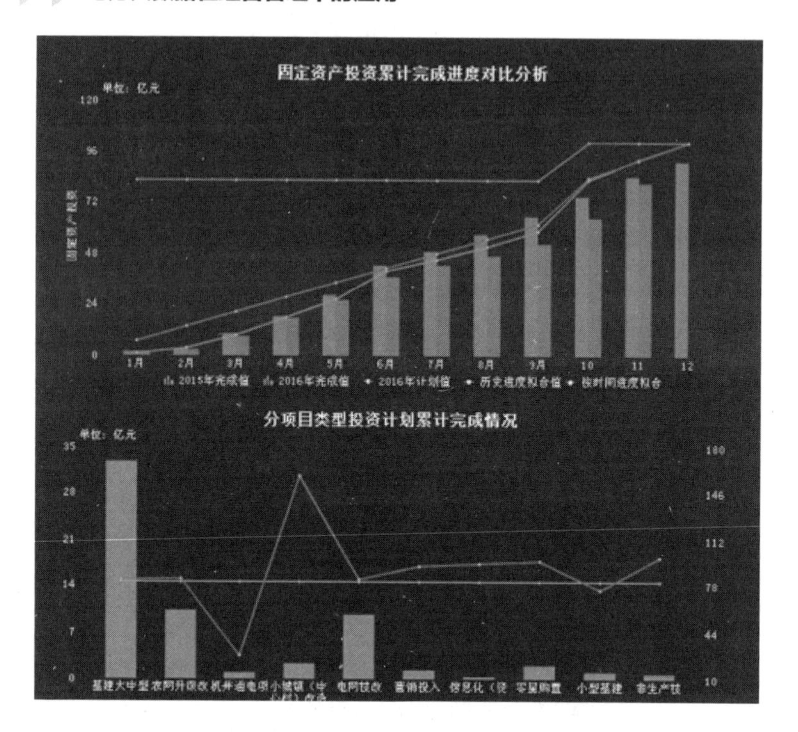

图 4-25 投资建设状况监测情况

2. 生产运行情况监测

从供电区域、自然月份、电压等级等维度，对电网概况、电网运行情况、负荷情况、安全生产情况、检修作业情况等生产运行相关指标进行监测，对比年度计划执行进度，监测企业的生产运行状况。

3. 电力供需状况监测

从供电单位、电源类型、电力调度关系等维度，对供电企业辖区内发电、供电、购电及用电情况进行监测分析，采用计划偏差、同期对比、关联分析、历史拟合等分析方法，分析企业电力供需的计划执行情况。

4. 经营业绩监测

从供电单位、计划年度、自然月份等维度，对企业营业成本、利润总额、购售电价、发行电费、资产收益率、综合线损等重点经营指标进行监测，对比年度预算完成情况，监测分析企业的经营业绩水平，如图 4-26 所示。

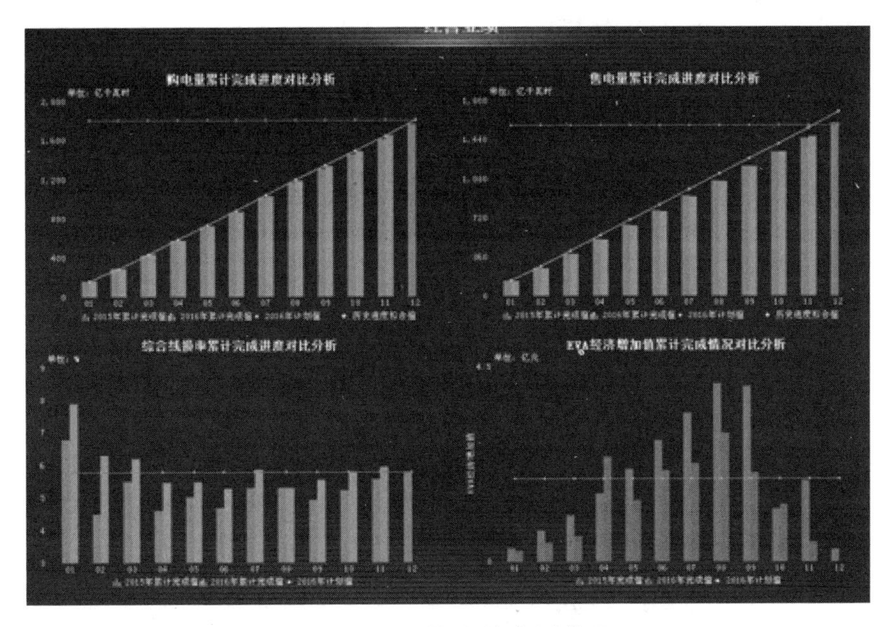

图 4-26　经营业绩监测情况

5. 资源状况监测

对用工总量、职工人数、劳动生产率、资产总额、负债总额、物资采购金额、采购标准执行率、车辆资源等进行监测，及时掌握企业的人财物资源状况及分布情况，如图 4-27 所示。

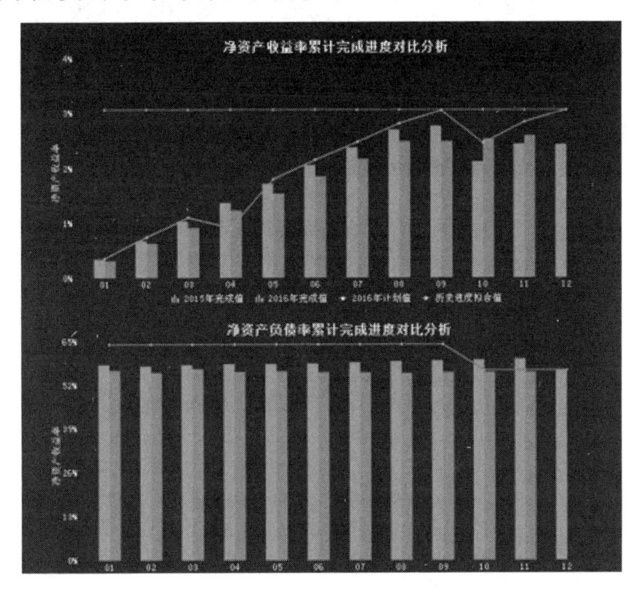

图 4-27　资源状况监测情况

6. 营销服务监测

从供电单位、城乡类别等维度，对业扩报装、智能表安装应用、供电质量、客户投诉、违章窃电、故障报修等营销服务指标进行监测，及时掌握企业的营销服务水平，如图 4-28 所示。

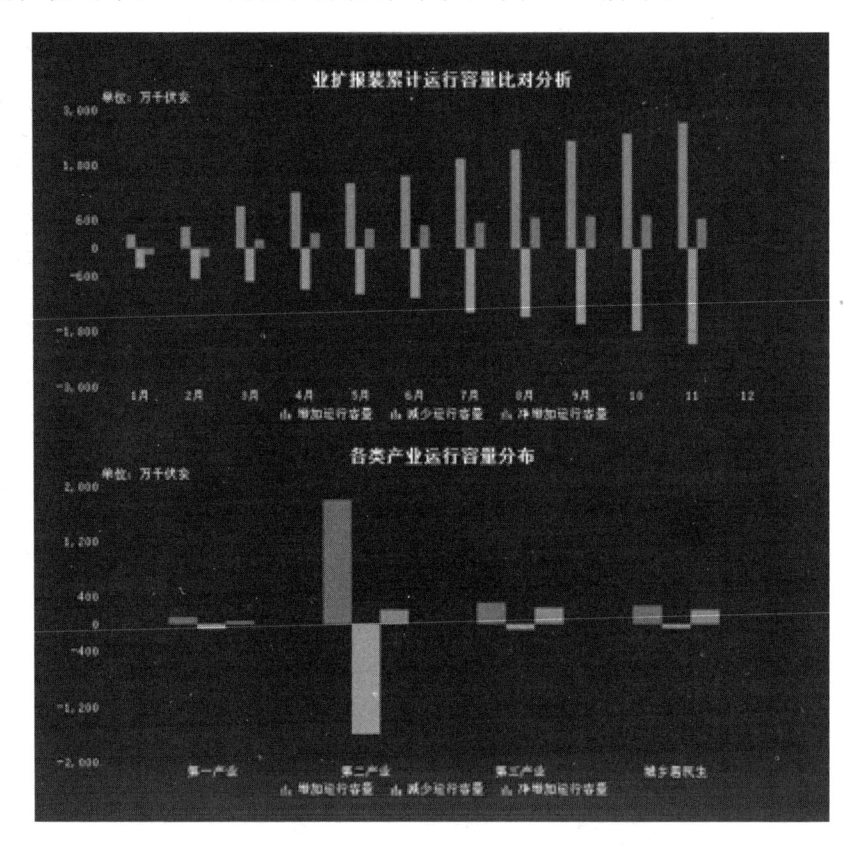

图 4-28 营销服务监测情况

本章参考资料

[1] 谢桦，亚夏尔·吐尔洪，陈昊，等. 基于支持向量机算法的配电线路时变状态预测方法[J]. 电力系统自动化，2020, 44(18):74-80.

[2] 潘雪. 基于光伏出力预测的配电网故障恢复策略研究[D]. 北京：北京交通大学，2020.

[3] 亚夏尔·吐尔洪. 考虑线路故障和可再生能源接入配电网的运行风险评估[D]. 北京：北京交通大学，2021.

[4] 国网河南省电力公司，国网河南省电力公司电力科学研究院，重庆大学. 一种基于 BP 神经网络的配电线路多工况故障率快速评估方法：CN202310159862.8[P]. 2023-05-23.

[5] 谢桦，陈昊，张沛. 配电线路多源数据挖掘时变故障概率计算[J]. 电力系统及其自动化学报，2020,32(9):63-67.

[6] 黄宇腾，韩翊，赖尚栋. 深度神经网络在配电网公变短期负荷预测中的应用研究[J]. 浙江电力，2018,37(5):1-6.

[7] 国网浙江省电力有限公司，国网浙江省电力有限公司信息通信分公司，浙江华云信息科技有限公司. 人才考核及岗位能力评估管理平台：CN201811336601.4[P]. 2020-05-19.

[8] 张子凡，王列刚. “金铲子”挖出数据新价值[N]. 国家电网报，2017-01-17(07).

[9] 江樱，黄慧，卢文达，等. 基于大数据技术的电力全业务数据运营管理平台研究[J]. 自动化技术与应用，2018,37(9):56-61.

[10] 孟彩霞. 基于马尔可夫模型的网络舆情预测[J]. 福建电脑，2015,31(9):6-7,120.

[11] 陈昊. 考虑线路故障和光伏出力随机性的配电网运行风险评估[D]. 北京：北京交通大学，2019.

[12] 崔盼. 考虑光伏出力预测不确定性的光-火联合调度[D]. 西安：西安理工大学，2018.

[13] 邹岳琳，张龙军，刘昆. 大数据分析在营销与购电关键业务监测的应用研究[J]. 电子世界，2018(24):79-80.

[14] 曾晓君. 降低电网线损的技术措施研究分析[J]. 科技传播，2013(23):85-85,89.

[15] 刘增明. 供电企业防窃电方法和对策的研究[D]. 保定：华北电力大学，2013.

[16] 电网彰显能源系统核心枢纽作用，担当电力保供“压舱石”重任[N]. 中国能源报，2022-01-03(10).
[17] 南京恺隆电力科技有限公司. 一种基于大数据技术的主动配电网规划方法：CN202010379317.6[P]. 2020-08-25.
[18] 谢桦，陈俊星，郭志星，等. 基于随机森林算法的架空输电线路状态评价方法[J]. 现代电力，2020,37(6):559-565.
[19] 黄海雁. 基于风险控制理论的慢性病管理研究医疗大数据的运用[D]. 南京：东南大学，2017.
[20] 张力. 基于无速度传感器的永磁同步电机定子电流谐波抑制方法研究[D]. 武汉：华中科技大学，2019.
[21] 黄海煜，王春明，夏少连，等. 兼顾正负旋转备用的华中电力调峰辅助服务市场设计与实践[J]. 电力系统自动化，2020,44(16):171-177.
[22] 李明洋. 一种智能配电网风险评估方法：CN201610497857.8[P]. 2016-10-26.
[23] 唐心宇. 基于云平台的情景交互式康复训练及评估系统[D]. 南京：东南大学，2019.
[24] 李睿，王玮. 可再生能源发电接入对配电系统安全影响及相关问题[C]. 第 13 届全国博士生学术年会——新能源专题论文集. 2015:503-510.
[25] 王哲，刘聪，李桂鑫. 大数据驱动配电网管理精益化[N]. 国家电网报，2016-11-15(07).
[26] 张巍. 基于分形理论的短期电力负荷预测[D]. 南昌：南昌大学，2012.
[27] 四创科技有限公司. 一种参数区分场景可智能率定的水文预报方法及终端：CN202211368944.5[P]. 2023-01-17.
[28] 于敬超. 营销费控业务推广的创新与实践[J]. 中国科技投资，2017(29):175.
[29] 深入学习镇海，自觉抓好落实[N]. 齐鲁石化报，2013-09-11(02).
[30] 黄翔. 基于选择路径和浏览页面的用户聚类算法研究[D]. 长

沙：中南大学，2010.
[31] 朱金鑫，陆圣芝，范永璞. 基于移动互联网的综合能源信息服务平台框架研究[J]. 机电信息，2017(3):27-28.
[32] 刘勇. 积极推进泛在电力物联网建设在成都先行先试[N]. 国家电网报，2019-05-16(03).

第5章 电力大数据在运维检修领域的应用

现代电力系统，其运维检修环境复杂，受到气候、地理位置等因素影响，需要实时监测电力系统的运行状态，防止出现故障。而电力大数据的应用使得电力数据信息化、可视化，便于实时监测和准确评估设备状态，从而为高效完成设备运维检修工作提供了技术保障。本章介绍电力大数据在设备状态评估、特高压管控、主动运维、故障抢修和保电应急等方面的应用实践。

5.1 设备状态评估

5.1.1 应用背景

设备状态评估是制定设备运维检修计划和实施方案的重要步骤。依据设备状态量测结果，采用扣分方式对设备状态评分，判断设备运行状态，这种方法实用但评估结果具有主观性，其准确性依赖工作人员经验。当前交直流互联电网快速发展，新型电力系统逐步推进，网络结构和系统动态特性日益复杂，设备耦合程度不断加强，迫切需要应用电力大数据进行多元多维度数据融合，提取准确描述设备特性的特征向量，挖掘设备状态变化的动态规律，为供电企业经营管理提供决策依据。

设备状态监测信息是设备状态评估的重要依据，包括设备位置、设备参数、设备实时运行状态等信息。在这些信息中，有的是静态参数，不随时间发生变化，如设备安装交接试验数据、台账等。静态参数通常被设为判断某些参数的参考值。有的是动态参数，具有时效性，会随着采集频率和记录值的周期性发生变化，如运行设备的在线监测数据、定期检修和巡视记录等。动态参数能反映设备的运行风险和健康状态。大数据技术不仅关注设备自身的运行特性参数及其变化过程，而且融合多源多维信息，如大雨、暴雪等天气条件，温度、湿度等气象参数，以及技术水平、经济态势等社会因素。电力设备状态评估采用多元多维度历史数据源，有助于提高诊断结果的准确性和可靠性；可以帮助运检人员对不同信息系统中获取的数据进行提炼，自动获取相关信息，提取关键状态量和评价规则，实现知识的自我更新、优化，从而提高状态评估信息获取工作的效益和质量。在全面展示站内设备状态、运行环境的同时，也可以实现各类控保系统状态、实时运行参数、异常告警信息的全面掌控，为制定运行策略和检修计划提供决策建议。

5.1.2　实现设计

现代电力设备的状态检修策略正逐步替代传统的定期检修策略。电力设备状态检修的核心工作是确定电力设备的状态。电力变压器是电网中的重要变电设备，下面将以电力变压器为例来介绍基于电力大数据技术的状态评估方法对其进行准确的状态评估，可以及时发现设备异常情况，降低故障率。

目前，对变压器进行状态评估，广泛采用的方法是依据《油浸式变压器（电抗器）状态评价导则》Q/GDW169—2008（以下简称《导则》）进行评分。这种方法是根据变压器不同状态量的测量结果，采用扣分方式，然后依据相关的评价标准来判断变压器的运行状态。仅依照《导则》的评价标准对变压器进行评估，没有考虑在特定条件下（如特定地区和特定电压等级条件下）不同型号变压器在评价标准上存在的差异。

变压器在运行过程和运维检修过程中会产生许多数据，如运行数据、试验数据、巡检数据、状态监测数据等。随着 PMS 等电力信息系统的应用和推广，变压器的相关数据得到了有效采集和存储。这些数据中隐含着反映变压器状态劣化过程的信息，但是对这些数据进行人工统计分析而提取相关信息的难度较高，因为能够反映变压器状态变化的状态量较多，且状态变化机理较为复杂。由于这些客观因素的影响以及人工方式本身存在效率较低的缺点，导致信息获取工作质量较差，很难对信息进行较为快速、全面的获取。

变压器状态评估结果使用状态等级来表示，分为正常状态、注意状态、异常状态、严重状态 4 个类别，因此变压器状态评估过程属于分类问题。近年来，数据挖掘技术由于在处理数据方面具有处理数据量大、处理速度快的优势，已经在变压器状态评估领域得到了应用。现有的数据挖掘方法可以构建效果较好的评估模型，但是这些模型都属于黑箱模型，难以得到其中的决策规则以及进行信息获取。这里介绍一种利用选择决策树算法实现变压器状态评估信息获取的方法。

决策树模型是一种白箱模型，能够以决策树的形式表示模型的决策过程。通过决策树算法分析处理变压器相关数据并构建决策树，将变压器数据中的状态评估信息转化为 if-then 形式的决策树判断过程，即可实现自动化的信息获取。因此，应用决策树算法可以达到从变压器数据中高效获取状态评估信息的目的。

下面以实例来介绍基于 SMOTE 算法和决策树算法的电力变压器状态评估信息获取方法。

在某地市级供电公司的电力生产管理系统中，采集 265 台 110kV 电压等级油浸式变压器相关数据，数据量如表 5-1 所示。其中变压器型号 25 种，数据时间跨度为 2015 年年底至 2017 年年底。

表 5-1　变压器数据类型和数据量

数据报告类型	主要包含信息	数据量/条
状态评价	待分析状态量、状态评估结果	2462
化学试验	变压器油试验结果	534
电气试验	电气试验结果	365
带电试验	带电试验结果	42
检修决策	上次检修时间	91
台账信息	变压器型号、变压器投运时间	265

1. 样本集的生成

样本集的生成是前期信息获取的重要环节。变压器数据主要来源于人工录入和监测装置自动采集，数据质量参差不齐，存在数据缺失、数据冗余等问题。表 5-1 中数据量达到了 3759 条。为了提高数据质量，将采集的数据进行数据清理、数据变换、数据集成等处理，形成变压器原始样本集。

表 5-1 对应的状态评价报告中的状态量（即待分析状态量）主要有 22 个，如表 5-2 所示。其中将变压器状态评价报告中的状态量分为 5 个部分，分别为变压器本体部分、套管部分、冷却器系统部分、有载分接开关部分、非电量保护部分，而每部分包含多个待分析状态量。

表 5-2　变压器状态评价报告中的主要状态量

涉及的状态量	包含内容
本体	绕组直流电阻各相绕组互相间的差别、绕组绝缘电阻、极化指数、吸收比、铁芯接地电流、漏油、表面锈蚀、呼吸器状态、本体储油柜油位
套管	电容量偏差、红外测温、主屏、绝缘电阻、末屏绝缘电阻
冷却器系统	漏油、散热片锈蚀、电机运行
有载分接开关	渗漏、油位、呼吸器状态
非电量保护	温度计和分接开关位置等远方与就地指示一致性

将表 5-1 中的不同类型数据进行数据处理，得到变压器原始样本集。此样本集总样本数为 769 条，其中正常状态样本 659 条，注意状态样本 59 条，异常状态样本 9 条，严重状态样本 42 条。正常状态样本的数量大约为其他 3 个非正常状态样本的 6 倍，存在类别不平衡的现象。这可能造成分类算法在进行分类判断时，倾向于忽略非正常状态样本，从而导致分类性能下降。

为解决变压器样本集的类别不平衡问题，使用 SMOTE 算法分别对原始样本集中的注意状态样本、异常状态样本、严重状态样本进行过采样。SMOTE 算法的核心思想是通过对少数类样本和其近邻样本进行线性组合来合成新的样本，从而扩充少数类样本的数量。设 M=5，K=5，样本集经 SMOTE 算法过采样处理后，样本总数为 1319 条，其中正常状态样本 659 条，注意状态样本 354 条，异常状态样本 54 条，严重状态样本 252 条，处理前后的样本集构成情况如表 5-3 所示。SMOTE 算法过采样处理后的非正常状态样本数为 660 条，正常状态样本数量与非正常状态样本数量基本达到平衡。

表 5-3　SMOTE 算法处理前后的样本集构成情况

样本集类型	状态样本数/条			
	正常	注意	异常	严重
原始	659	59	9	42
SMOTE 算法处理后	659	354	54	252

2. 变压器状态评估信息决策树的构建

在经过 SMOTE 算法处理后的变压器样本集数据基础上，通过使用决策树算法构建变压器状态评估信息决策树，可以实现状态评估信息获取。

决策树算法中较有代表性的有 ID3（Iterative Dichotomiser 3）算法、C4.5 算法、CART（Classification And Regression Tree）算法。其中，ID3 算法无法处理连续型属性。CART 算法只能生成二叉树，无法直接进行多分类。C4.5 算法在 ID3 算法的基础上增加了对连续型属性的处理能力，同时支持决策树的多路划分。由于变压器样本集中含有连续型状态量数据和多分类状态量数据，选择 C4.5 算法构建变压器状态评估信息决策树，步骤如下：

（1）计算整个样本集的信息熵。设整个样本集 S 中第 i 类分类结果对应的样本占比为 p_i（$i=1,2,\cdots,N$），则 S 的信息熵为

$$E(S)=-\sum_{i=1}^{N}p_i\log_2 p_i \tag{5-1}$$

其中，样本集 S 为变压器样本集，其分类结果为变压器状态评价等级。

（2）计算每个属性对样本集 S 进行划分的信息熵。若属性 a（此处定义为变压器状态量）的数据为离散型数据，有 k 个值，分别为 $\{a_1, a_2, \cdots, a_k\}$，使用属性 a 来对样本集 S 进行划分，产生 k 个分支节点，S_j 为其中第 j 个分支节点上取值为 a_j 的所有样本。计算以离散属性 a 对样本集 S 进行划分的信息熵，即

$$E(S,a)=\sum_{j=1}^{k}(|S_j|E(S_j))/|S| \tag{5-2}$$

若属性 a 的数据为连续性数据，那么需要对这些数据进行离散化。首先，对这些数据进行递增排列，将每一对数据的中间点作为可能的划分点，划分点左侧的数据为 S_l，右侧的数据为 S_r。计算每种划分方式的信息熵，即

$$E(S,a)=|S_\mathrm{l}|E(S_\mathrm{l})/|S|+|S_\mathrm{r}|E(S_\mathrm{r})/|S| \tag{5-3}$$

（3）计算信息增益。设信息增益为 I，对于每个属性都有其对应的信息增益。设属性 a 的信息增益为 I_a，则

$$I_a=E(S)-E(S,a) \tag{5-4}$$

（4）计算属性的分裂信息。每个属性对应一个相应的分裂信息，设属性 a 的分裂信息为 N_a，则

$$N_a=-\sum_{j=1}^{k}\frac{|S_j|}{|S|}\log_2\frac{|S_j|}{|S|} \tag{5-5}$$

（5）计算信息增益率。设属性 a 的信息增益率为 R_a，则

$$R_a = I_a / N_a \tag{5-6}$$

对所有属性进行信息增益率计算之后，选择 R_a 最大的属性为节点，并将其加入决策树。重复步骤（1）～（5），即可逐步构建决策树。

以表 5-4 所示套管电容量偏差的相应样本统计数据为例进行统计。其中，套管电容量偏差分为“合格”和“不合格”两种类别，属于离散量。

表 5-4　套管电容量偏差状态量的样本数统计

状　　态	样　本　数		状　　态	样　本　数	
	合　　格	不　合　格		合　　格	不　合　格
正常	659	0	异常	54	0
注意	354	0	严重	120	132

根据上述方法构建的变压器状态评估信息决策树如图 5-1 所示。

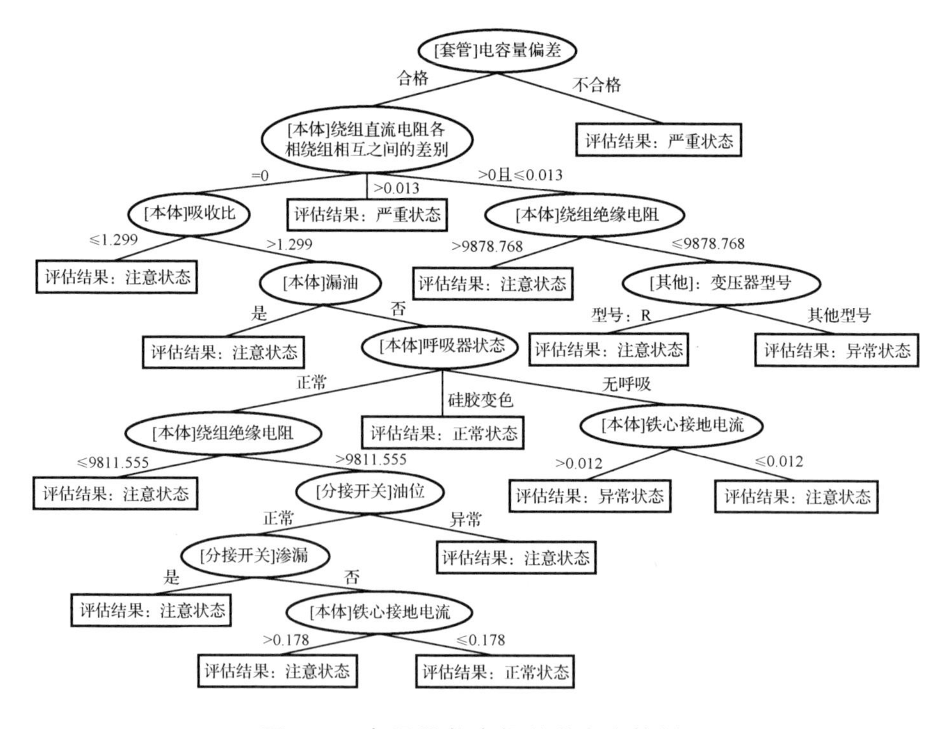

图 5-1　变压器状态评估信息决策树

计算得到构建的变压器状态评估信息决策树模型与实际评估结果的对比如表 5-5 所示。

表 5-5　变压器状态评估信息决策树模型与实际评估结果对比

实际评估结果 \ 模型评估结果	正常状态	注意状态	异常状态	严重状态
正常状态	659	0	0	0
注意状态	8	346	0	0
异常状态	1	0	53	0
严重状态	0	0	0	252

由表 5-5 可知，与实际评估结果相比，上述方法的分类正确率为 99.318%。其中，正常状态和严重状态的正确率为 100%，注意状态的正确率为 97.74%，异常状态的正确率为 98.15%。以上数据说明该方法构建的决策树对变压器各状态均能进行较高准确率的判断。

变压器状态评估信息决策树的 Kappa 系数为

$$k = \frac{p_o - p_e}{1 - p_e} \tag{5-7}$$

其中，p_o是每一类正确分类的样本数量之和除以总样本数，也就是总体分类精度。

假设总样本个数为 n 个，每一类的真实样本个数分别为 $a_1, a_2, \cdots, a_C$，而预测的每一类的样本个数分别为 $b_1, b_2, \cdots, b_C$，则

$$p_e = \frac{\sum_{i=1}^{C} a_i \cdot b_i}{n^2} \tag{5-8}$$

Kappa 系数的取值范围与分类精度的关系如表 5-6 所示，在本例中，计算得到 k=0.9893，可以看出该方法分类精度属于“非常好”等级，验证了上述决策树分类性能优异，可以确保信息获取过程的可靠性。

表 5-6　Kappa 系数的取值范围与分类精度的关系

Kappa 系数的取值范围	分类精度	Kappa 系数的取值范围	分类精度
[0，0.02)	差	[0.41，0.60)	中等
[0.02，0.21)	较差	[0.61，0.80)	好
[0.21，040)	尚可	[0.81，1]	非常好

3. 变压器状态评估信息表示

变压器状态评估信息决策树构建完成后，获取的信息以决策树的形式进行表示，其构建原理示意图如图 5-2 所示。根节点和非叶子节点表示变压器状态量，叶子节点 k_t（t=1，2，3）表示变压器状态评估结果，分支代表判断条件。从树的根节点经分支连接直到某个叶子节点的一条路径表示一条分类规则。

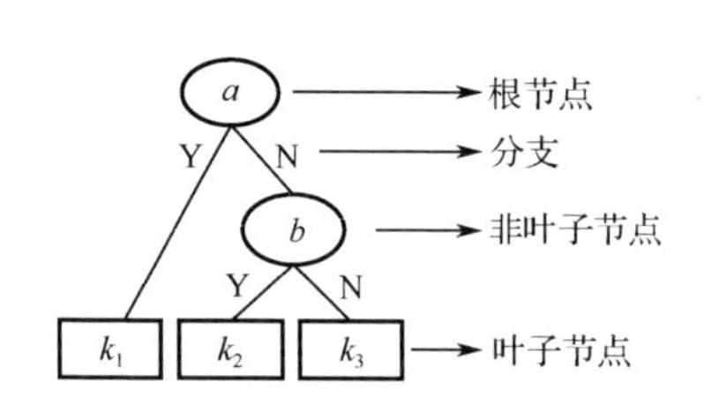

图 5-2　决策树构建原理示意图

变压器状态评估信息包括经 C4.5 算法筛选后得到的变压器关键状态量 a、b，以及以下形式的变压器状态评估规则：①if a=Y，then 状态为 k_1；②if a=N、b=Y，then 状态为 k_2；③if a=N、b=N，then 状态为 k_3。

提取如图 5-1 所示决策树从根节点到叶子节点的 if-then 形式的决策过程，得到变压器状态的评估结果。以下展示部分提取规则：①若套管电容量偏差不合格，则变压器状态为严重状态；②若套管电容量偏差合格，本体绕组直流电阻各相绕组相互之间的差别大于 0.013，则评估结果为严重状态；③若套管电容量偏差合格，本体绕组直流电阻各相绕组相互之间的差别大于 0 且小于等于 0.013，本体绕组绝缘电阻大于 9878.768MΩ，则评估结果为注意状态。

4. 获取信息的应用

变压器状态评估决策树中根节点以及非叶子节点上的关键状态量有：本体部件的绕组直流电阻各相绕组相互之间的差别、绕组绝缘电阻、吸收比、铁芯接地电流、漏油、呼吸器状态；套管部件的电容量偏差；分接开关部件的渗漏、油位。在该地区的变压器运检工作中，通过加强对关键状态量的监测可以提前发现状态劣化征兆，及时对变压器采取维护策略，避免变压器状态持续恶化。此外，变压器型号对状态评估过程具有一定影响，比如，在套管电容量偏差合格，绕组直流电阻偏差大于 0 小于等于 0.013 的范围内时，型号 R 的变压器对绕组绝缘电阻的变化不敏感，而其他 24 种变压器对绕组绝缘电阻的变化更敏感，因此需要特别注意不同型号变压器的差异性。

除了加强对关键状态量的监测，利用前述提取的评估规则对《导则》相应规则进行补充优化，形成区域定制化的状态评估规则，还可以提高该地区变压器状态评估工作的准确性和针对性。补充优化内容包括在《导则》基础上补充 if-then 形式的判断规则和根据提取的判断规则对《导则》中的状态量阈值进行优化。表 5-7 列出了状态量阈值的优化结果。

表 5-7 状态量阈值的优化结果

优化条目	阈值	
	优化前	优化后
本体绕组直流电阻各相绕组相互之间的差别	0.02	0.013
本体绕组绝缘电阻/MΩ	未列出	9811.555
本体铁芯接地电流/A	0.3	0.178

取该区域 12 条变压器数据，包含正常状态、注意状态、异常状态、严重状态等四种状态的样本各 3 条，对采用区域定制化状态评估规则进行评估的结果和采用《导则》给出的方法（以下简称传统方法）得到的结果进行对比，发现采用传统方法评估的正确次数是 11 次，评估的正确率是 91.67%，而区域定制化状态评估方法评估的正确次数是 12 次，评估的正确率达到 100%。可以看出，区域定制化状态评估方法的正确率高于传统方法，其中传统方法对一条样本的判断出现了错误判断。在算例中，样本的变压器型号为 C，绕组直流电阻各相绕组相互之间的差别为 0.013，依据《导则》，该变压

器绕组直流电阻各相绕组相互之间的差别小于0.02(2%),符合要求,此项不扣分;样本变压器绕组绝缘电阻为3265.986MΩ,绕组绝缘电阻经查不符合相关规定,扣8分。最终得分为92分,判断此变压器处于正常状态。而采用区域定制化状态评估方法,则可以判断其绕组直流电阻各相绕组相互之间的差别不合格,且绕组绝缘电阻不合格,从而判断其处于异常状态,与实际评估结果一致。

5. 模型性能对比

为了验证SMOTE算法效果和决策树模型性能,以未经SMOTE算法处理的原始样本集和经SMOTE算法处理后的样本集为数据基础,分别采用C4.5决策树算法与CART决策树算法构建决策树,比较它们的Kappa系数,结果如表5-8所示。

表5-8 不同样本集和算法的性能对比

样本集	Kappa系数	
	C4.5	CART
原始样本集	0.9847	0.9637
SMOTE处理后样本集	0.9893	0.9822

在原始样本集使用SMOTE算法过采样后,C4.5、CART决策树算法所构建决策树模型的Kappa系数均有提升;C4.5决策树算法所构建决策树模型的Kappa系数在两种样本集条件下均领先于CART决策树算法。结果表明,采用SMOTE算法处理样本集可以有效提高决策树模型的分类性能,且C4.5决策树算法在上述样本集条件下分类性能优于CART算法。

在基于SMOTE和决策树算法的电力变压器状态评估信息获取方法中,采用SMOTE算法,解决了原始样本集非正常状态数量较少的问题,减轻了变压器相关数据的类别不平衡现象,对提高决策树模型的分类效果起到了良好效果。基于C4.5算法构建决策树,实现了变压器状态评估信息获取,可以帮助运检人员对不同信息系统中获取的数据进行提炼,自动获取信息,提取关键状态量和评价规则。

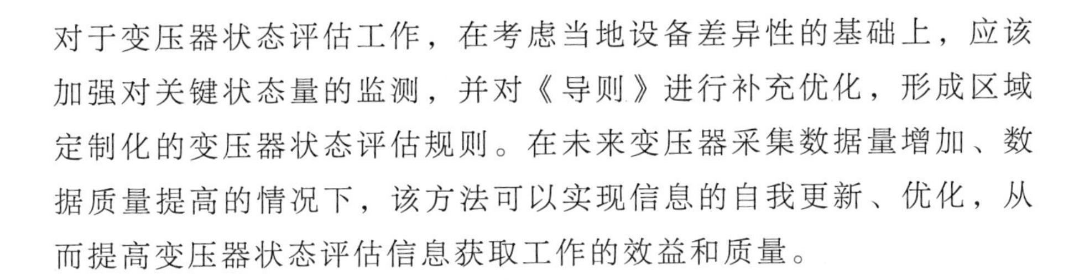

对于变压器状态评估工作，在考虑当地设备差异性的基础上，应该加强对关键状态量的监测，并对《导则》进行补充优化，形成区域定制化的变压器状态评估规则。在未来变压器采集数据量增加、数据质量提高的情况下，该方法可以实现信息的自我更新、优化，从而提高变压器状态评估信息获取工作的效益和质量。

5.2　特高压管控

5.2.1　应用背景

国家电网有限公司提出“要加快建设以特高压电网为骨干网架、各级电网协调发展的坚强国家电网”。特高压线路长、网络结构复杂，高压直流站是电网设备管理的重中之重。特高压可视化管控系统需要针对包括检修管控、巡视管理、重要输电通道、护线体系与沉降监测等多个方面，要求实现特高压全路径可视化管控，提升运检管理效率。

可视化是实现智能运维的重要举措。特高压输电通道可视化技术替代了人工巡视，通过在线监测装置、站内巡检机器人、移动 PDA 等信息智能终端，可以实现巡视作业定位和视频会商，全面掌握设备、通道状态，实现从检修计划到检修进程的全过程管控，大大提高了运检工作效率，同时大大降低了系统的运行风险。

5.2.2　实现设计

下面将展示某供电企业对某±800kV 换流站管控可视化的应用实践。

1. 检修管控可视化

该换流站的检修管控包括展示直流场站、换流阀厅、水冷系统和换流变压器等。其中，年度检修工作票统计情况如图 5-3 所示，某日的直流场检修作业面情况如图 5-4 所示。

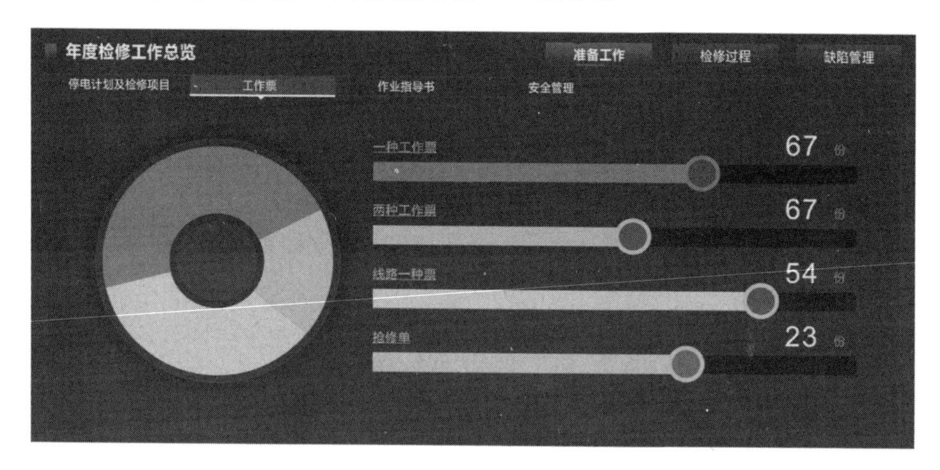

图 5-3 年度检修工作票统计情况

图 5-4 某日的直流场检修作业面情况

2. 巡视管理可视化

运维巡检全过程管理，采用智能机器人巡检、人工 PDA 巡检等手段，分为以下三个方面。

（1）地理信息系统（Geographic Information System，GIS），直

观展示机器人巡检、人工 PDA 巡检的相应巡检计划、巡检路线、巡检进程、巡检数据成果。

（2）实现 PDA 巡检与 PMS 2.0 信息交互，将人工巡检数据成果直接通过 PDA 录入 PMS。

（3）分析机器人巡检、人工 PDA 巡检数据，展示设备关键参数变化趋势。

智能机器人巡检痕迹部分情况如图 5-5 所示。

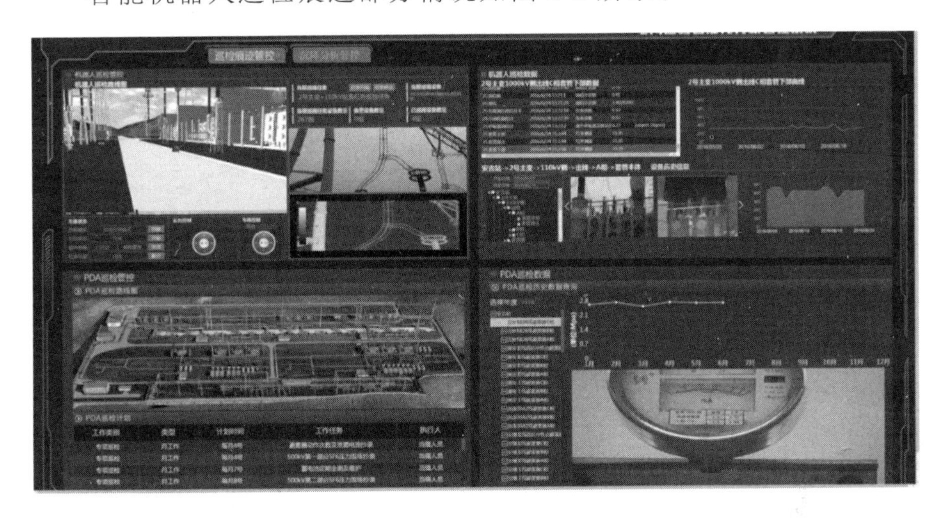

图 5-5　智能机器人巡检痕迹部分情况

3. 重要输电通道可视化

在直流线路杆塔上加装视频摄像装置，实现从特高压线路、通道、近区线路的全路径可视化管控。

（1）采取光纤 + 以太网交换机、1.8G LTE+5.8G 点对点回传、5.8G 点对点回传+点对多点覆盖、自建光缆等通信组合方式，搭建通信专网，解决视频流数据通信不稳定问题。

（2）对于功耗较小的装置，采取风光储独立供电方式；对于功耗较大的装置，采用 220V 电源接入供电方式，解决能耗不足问题。

（3）将监测点采集的信息与 GIS 平台融合，实时展示特高压通道运行工况，便于及时发现通道内外部作业隐患。

4. 护线体系标准化

该企业对护线资源、护线信息、护线过程实现了可视化实时管控。

（1）统计线路运维人员、车辆、工具、巡检站（所）等，并分析运维工作风险，实时调配运维资源。

（2）实时展示特高压线路各类特殊区段 GIS 电网地图。

（3）通过移动终端、视频平台查看护线人员的实时位置、运维工作进度、工作内容等信息，并通过移动 PDA 巡检系统与现场人员进行视频会商，协助运维管理人员优化运维作业。

（4）开发输电线路智能巡检手机 App，实现输电线路巡视管理痕迹化、缺陷上报标准化、巡视工作标准化。

5. 站内 GIS 基础沉降监测与预警

站内 GIS 基础沉降监测与预警，可展示变电站设备及构架基础沉降观测数据，并开展数据分析。

（1）采用精密水准测量方法，根据国家水准基点进行埋设测点的高程测量，每月一次观测埋设测点的高程变化情况，积累大量数据接入云平台。

（2）通过云平台调用站内工业视频系统，直观展示特高压变电站 GIS 基础沉降情况。

（3）搭建变电站基础沉降预警平台，进行数据比对分析，以曲线形式展示沉降变形情况，并自动发出 GIS 基础的微小沉降预警信息。

图 5-6 为站内 GIS 基础沉降监测情况。

图 5-6　站内 GIS 基础沉降监测情况

5.3　主动运维

5.3.1　应用背景

配电网供电可靠性是供电企业经济效益和社会形象的表征指标。我国 20 世纪 50 年代从苏联引入电力设备的定期检修制度，定期检修通过设置固定的定期检修工作内容与检修周期来做出检修决策，可以在一定程度上降低设备故障率。但是，定期检修存在检修周期设置不合理导致应当进行检修的设备因为设置的检修周期相对过长而没有得到检修，造成设备状态持续恶化，或者设置检修周期相对过短，导致不必要的检修，造成人力、物力和财力的浪费。传统人工巡回检修，普遍存在运行维护资源不足、业务综合成本普遍偏高的问题。目前，电网系统拓扑结构趋于多样化和复杂化，其所面临的线路老化、恶劣天气、外力破坏等影响日益增加，且传统配电室的日常巡检仅靠人工登记，缺少有效监管手段，线路故障不仅难以提前预知，还可能因人员、工具和仪表等方面的生产资源总体利用率严重滞后而造成更大面积的故障。

近年来，状态检修得到了业界人士的广泛关注。电力数据资源结合人工智能算法进行大数据的诊断分析及趋势预估，实现了运维态势的全面感知。状态检修通过对设备的当前状态和未来状态进行评价来制定检修策略，保证了检修的及时性和必要性。主动运维技术不仅能够精确定位、准确运维，而且能够提供准确的线路故障提前预警，可以消除隐患于萌芽期，提升客户满意度。

5.3.2 实现设计

随着电力系统的快速发展，电网的安全性和可靠性要求也越来越高。对电网中的重要输变电设备进行准确的状态评价可以有效降低故障率，提高系统的供电性能。目前，架空输电线路（以下简称线路）状态评价广泛采用的方法是行业规范中的人工打分法。这种方法是根据线路不同状态量的测量结果，采用扣分方式，通过计算单项扣分和合计扣分来确定状态等级。人工打分法可行性好，但是存在步骤烦琐以及主观性强的问题。随着电网规模的扩展及负荷供电要求的提高，迫切需要一种更高效、客观的线路状态评价方法。

针对人工打分法存在的问题，构建状态评价模型是一种解决方法。这种方法提高了线路状态评价效率，但是建模过程中对于模型的权重确定存在一定的主观性，且建模步骤较为烦琐。数据挖掘算法的应用使得数学分析法建模过程中的权重设定具有更好的客观性，数据挖掘技术在线路运行状态的相关研究中得到了应用。下面介绍一种基于随机森林算法的架空输电线路状态评价方法。该方法考虑线路的不同运行状态，建立线路状态量体系，提出基于随机森林算法的架空输电线路状态评价模型及求解算法。

5.3.2.1 状态量体系的构建

选择线路状态量是构建模型的第一步。状态量的选择直接影响

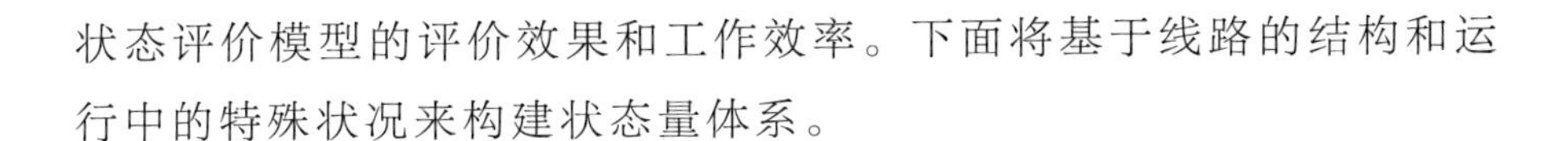

状态评价模型的评价效果和工作效率。下面将基于线路的结构和运行中的特殊状况来构建状态量体系。

1. 线路单元状态量

在选择状态量建立状态量体系时，需要细化考虑线路的各组成单元。按照架空线路的结构，将架空输电线路分为基础、杆塔、导地线、绝缘子串、金具、接地装置、附属设施和通道环境等 8 个单元。

基础单元包括 11 个状态量，分别是拉线棒锈蚀情况，杆塔基础表面损坏情况，杆塔基础回填情况，金属基础锈蚀情况，杆塔基础保护范围内冲刷情况，拉线基础余土堆积情况，拉线基础杂物堆积情况，防碰撞设施情况，杆塔基础保护范围内基础表面取土情况，基础护坡及防洪设施损坏情况，基础立柱淹没情况。

杆塔单元包括 15 个状态量，分别是角钢塔塔材锈蚀情况，砼杆裂纹情况，砼杆抱箍螺栓锈蚀情况，角钢塔螺栓锈蚀情况，角钢塔横担锈蚀情况，砼杆拉线锈蚀情况，杆塔横担歪斜情况，杆塔倾斜情况，铁塔和钢管塔构件缺失、松动情况，铁塔、钢管塔主材弯曲情况，连接钢圈、法兰盘损坏情况，铁塔、钢管杆（塔）锈蚀情况，拉线锈蚀损伤情况，钢管杆杆顶最大挠度情况，混凝土杆裂纹情况。

导地线单元包括 4 个状态量，分别是地线松股情况，异物悬挂情况，腐蚀、断股、损伤和闪络烧伤情况，弧垂情况。

绝缘子串单元包括 9 个状态量，分别是瓷质、玻璃绝缘子锈蚀情况，瓷质、玻璃绝缘子破损情况，复合绝缘子伞裙、护套破损情况，复合绝缘子烧伤情况，绝缘子积污情况，瓷绝缘子釉面破损情况，招弧角及均压环损坏情况，绝缘子铁帽、钢脚锈蚀情况，锁紧销缺损情况。

金具单元包括 7 个状态量，分别是防振锤缺损情况，接续金具情况，金具变形情况，预绞丝护线条损坏情况，金具锈蚀、磨损情况，金具裂纹情况，阻尼线位移情况。

接地装置单元包括 4 个状态量，分别是接地电阻值测量情况，接地引下线锈蚀、损伤情况，接地引下线连接情况，接地体埋深情况。

附属设施单元包括 7 个状态量，分别是防鸟设施损坏情况，标志牌缺损情况，杆号牌缺损情况，爬梯、护栏缺损情况，防雷设施损坏情况，附属通信设施缺损情况，在线监测装置缺损情况。

通道环境单元包括 2 个状态量，分别是交叉跨越情况，通道内树木、建筑情况。

综上所述，架空输电线路 8 个单元共 59 个状态量。

2. 特殊情况状态量

架空输电线路的状态等级分为正常状态、注意状态、异常状态、严重状态四种。线路状态评价遵循“短板效应”，其状态评价结果取决于状态最差的组成单元。

一些线路存在的特殊问题会对其状态造成影响。线路状态存在一些注意状态情况、异常及严重状态情况。注意状态情况包括 10 种，分别是钢筋混凝土杆裂纹情况、铁塔锈蚀情况、塔材紧固情况、导地线锈蚀或损伤情况、外绝缘配置与现场污秽度适应情况、盘形悬式绝缘子劣化情况、复合绝缘子缺陷情况、连接金具家族性缺陷情况、线路设计缺陷情况、防外破情况。异常及严重状态情况包括 10 种，分别为防倒塌情况、防断线情况、防断串情况、防污闪情况、防风偏情况、防舞动情况、防覆冰情况、防鸟害情况、防雷击情况以及其他情况。将这 20 种特殊情况下的状态量称为特殊情况状态量，在状态量体系中加以考虑。

综合线路 8 个单元选取的状态量和特殊情况状态量，最终构建包含 79 个状态量的架空输电线路状态量体系。由于架空输电线路的

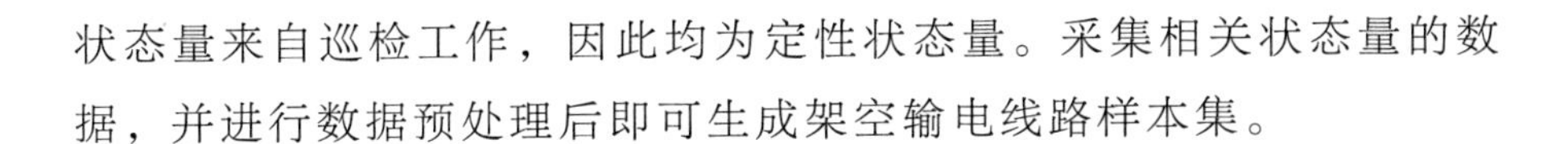

状态量来自巡检工作，因此均为定性状态量。采集相关状态量的数据，并进行数据预处理后即可生成架空输电线路样本集。

5.3.2.2　状态评价模型的构建

如前所述，多种智能算法已应用于输电线路的状态评价，但使用分类算法的较少。随机森林算法由决策树算法发展而来，它是组合分类器的一种。随机森林算法得益于算法原理层面的随机性和集成学习的优势，在高维特征处理方面鲁棒性更好，且抗过拟合能力更强。架空输电线路状态量体系包含了 79 个状态量，采用单一决策树模型的分类性能理论上不如随机森林算法构建的多棵子决策树组合分类模型。因此，下面采用随机森林算法构建架空输电线路状态评价模型。

1. 随机森林算法

随机森林算法可分为样本集的抽样、决策树的构建、随机森林模型的输出。

（1）样本集的抽样

随机森林算法采用 Bagging 方法从原始样本集中抽取产生多个子样本集进行决策树构建。Bagging 方法基于 Bootstrap 重抽样，可以增强样本随机性，从而提高数据挖掘算法准确度。Bagging 方法采用 Bootstrap 抽样算法对原始样本集进行有放回随机抽样，也就是说采用 Bagging 方法抽取的样本可能重复。随机森林算法使用 Bagging 抽样技术产生多个子样本集，用于构建多个子决策树。每个子样本集的样本数量约为原始样本集的 63.2%，子样本集中的样本因为 Bagging 抽样的有放回抽样特性会产生一定的重复，这样减少了构建的决策树产生局部最优解的可能性，优化了随机森林算法的泛化性能。

（2）决策树的构建

以抽取样本生成的子样本集为基础，子决策树的构建原理如图 5-7

所示。Condition A、B、C、D（方框，即叶子节点）表示线路的状态等级，分别为正常状态、注意状态、异常状态、严重状态。G3、D6、B9、C2、D7、E3（椭圆形框，即根节点或非叶子节点）表示线路状态量，分别为杆号牌缺损情况、瓷绝缘子釉面破损情况、铁塔和钢管塔构件缺失或松动情况、异物悬挂情况、招弧角及均压环损坏情况、金具变形情况。树枝上的 A、B、C、D 等表示状态量的取值，以杆号牌缺损情况为例，A 表示正常，B 表示标识牌破损、字迹不清，C 表示标识牌丢失或该设标志而未设或同杆多回线路无色标标示，D 表示标识牌与设备名称不一致。

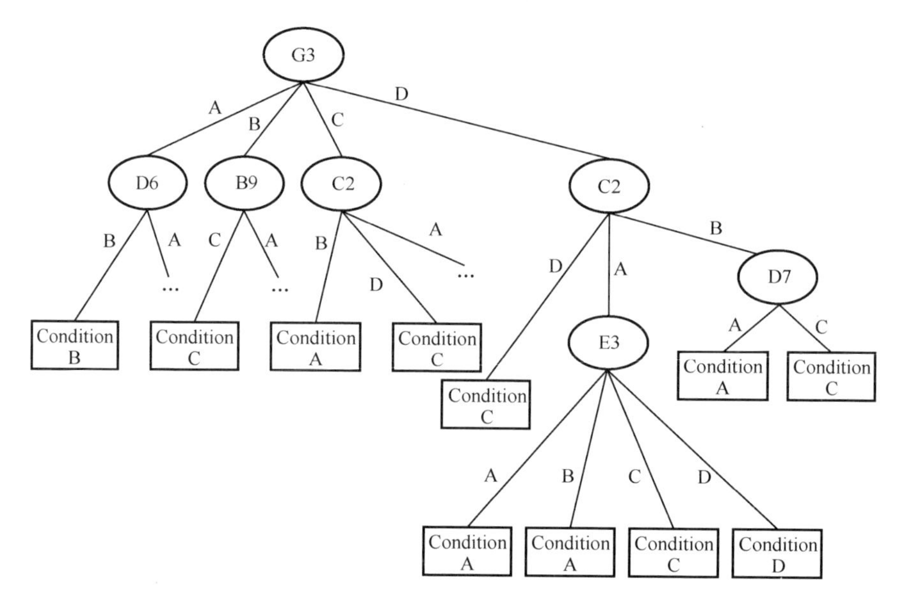

图 5-7　子决策树构建原理示意图

随机森林算法在构建子决策树的过程中会对属性进行随机选取。设 Z 为原始样本集属性数量，引入随机特征变量 R（$R \leqslant Z$）对属性进行随机选择，即在决策树节点分支时，从全部 Z 个属性中不放回地抽取 R 个属性参加节点分支计算。

随机性体现在子样本集生成和属性随机选取过程中，建树过程（节点分支过程）调用 C4.5 算法进行。

（3）随机森林模型的输出

随机森林模型的最终输出结果由各决策树模型的输出结果进行组合获得。设随机森林构建 m 棵决策树，所有 m 棵决策树模型输出各自的结果，然后用相对多数投票法对所有子决策树模型输出结果投票，最后选择出票数最多的输出结果作为随机森林模型的输出结果。

2．随机森林的参数优化

假设随机森林由 m 个子决策树 $t_1(x)$～$t_m(x)$组成，计算边缘函数 $g(\boldsymbol{X}, \boldsymbol{Y})$，即

$$g(\boldsymbol{X},\boldsymbol{Y}) = a(I(h(\boldsymbol{X}) = \boldsymbol{y})) - \max_{j \neq Y} a(I(h(\boldsymbol{X}) = \boldsymbol{j})) \tag{5-9}$$

式中，$\boldsymbol{X}$、$\boldsymbol{Y}$ 为随机森林中的随机向量，$\boldsymbol{y}$、$\boldsymbol{j}$ 分别为正确分类向量和不正确分类向量，$a()$为取平均值，$I()$为指示函数。边缘函数 $g(\boldsymbol{X}, \boldsymbol{Y})$ 表示正确分类 $\boldsymbol{y}$ 的平均得票数高于不正确分类 $\boldsymbol{j}$ 的平均得票数的程度高低。所以，随着 $g(\boldsymbol{X}, \boldsymbol{Y})$的增大，随机森林的置信度也会增加。

泛化误差是随机森林的重要性能指标之一。基于边缘函数，可得泛化误差的计算公式为

$$P^* = P_{\boldsymbol{X},\boldsymbol{Y}}(g(\boldsymbol{X},\boldsymbol{Y}) < 0) \tag{5-10}$$

式中，$g(\boldsymbol{X}, \boldsymbol{Y})$为边缘函数。

当子决策树个数 m 趋近于无穷大时，根据大数定律，可得随机森林泛化误差 P^*收敛，即

$$\lim_{m \to \infty} P^* = P_{X,Y}(P_\theta(h(\boldsymbol{X},\theta) = \boldsymbol{y}) - \max_{j \neq Y} P_\theta(h(\boldsymbol{X},\theta) = \boldsymbol{j}) < 0) \tag{5-11}$$

有

$$P^* \leqslant \frac{\bar{\rho}(1 - s^2)}{s^2} \tag{5-12}$$

式中，$\bar{\rho}$ 为随机森林中各子决策树间的相关度平均值，s 为随机森林

中子决策树的平均强度。

由式（5-12）可知，随机森林泛化误差的上界随子决策树的平均强度增加而降低，且与各子决策树间的相关度平均值成正比关系。因此，在构建随机森林的过程中提高子决策树分类性能和减少各子决策树间的相关度可以减少泛化误差，提高随机森林分类性能。

决策树数量 m 对于随机森林算法的效率有着至关重要的影响。随着子决策树数量的增大，分类精度随之增加且收敛性更好，但是当 m 增加到一定值后，算法精度趋向于稳定。m 过大会导致算法运行效率下降，对最终分类结果影响程度变小；而 m 过小，则分类精度将可能下降或决策树过拟合。

随机特征变量 R 对算法的强度和相关性有直接的影响，对于 m 棵决策树，随着 R 的增大，强度基本不变，相关性增加，算法的分类精度增加，但计算效率降低，建议的 R 取值有 1、$\sqrt{Z}$、$\sqrt{Z}/2$、$2\sqrt{Z}$、$\log_2 Z+1$。

5.3.2.3 实例验证

从某市电网 PMS 中采集架空输电线路状态评价数据 7000 余条，其中约 95%的架空输电线路处于正常状态，时间跨度为 5 年。对其中 110kV 架空输电线路的相关数据进行数据清理、数据集成后形成架空输电线路样本集。样本集样本数为 516，包含架空输电线路所有 79 个状态量的取值和相应评价等级。其中，正常状态样本数为 237，注意状态样本数为 214，异常状态样本数为 45，严重状态样本数为 20。

1. 随机森林参数优化

输电线路状态量体系中包含状态量 79 个，即 Z=79。经过计算可得 R 可能取值为 1,4,7,9,18。子决策树数量 m 参数的取值依据 R 的取值进行合理选择。在此以架空输电线路样本集为数据基础，构建随机森林模型，对 m 和 R 的不同取值组合，计算模型 Kappa 系数如图 5-8 所示。

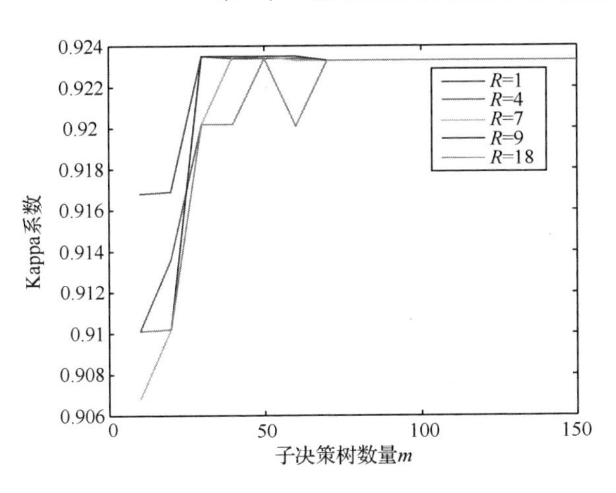

图 5-8　m、R 不同取值情况下随机森林模型的 Kappa 系数

由图 5-8 可知，在架空输电线路样本集条件下，m、R 取值不同情况的随机森林 Kappa 系数均大于 0.9，表明模型分类性能优秀，能够达到以较高准确率评价架空输电线路的目的。

在取{m=10, R=7}的情况下，出现 Kappa 系数最小值，为 0.9068。随着 m 取值的增大，随机森林模型的 Kappa 系数先有所增加，然后逐渐稳定在 0.9233。R 的取值对 m 取值较小时具有较大影响，而当 $m \geqslant 70$ 时，R 的取值变化在 Kappa 系数上已经无法体现，说明其对随机森林的分类效果已经可以忽略不计。

Kappa 系数最大值为 0.9235，存在多个 m 和 R 的组合能够取得此最大值，分别为{m=30, R=1}、{m=40, R =4}、{m=40, R =7}、{m=50, R =7}、{m=40, R=9}、{m=50, R=9}、{m=60, R=9}。在 Kappa 系数相同的情况下，取 m 值最小的取值组合{m=30, R=1}构建线路评价模型，因为 m 值越小，算法所构建的子决策树个数越少，有利于减少建模所需时间。

2. 状态评价结果及分析

取{m=30, R=1}构建了线路状态评价模型，线路状态评价模型的混淆矩阵计算结果如表 5-9 所示。

表 5-9 线路状态评价模型混淆矩阵

实际结果	模型输出			
	正常状态	注意状态	异常状态	严重状态
正常状态	223	13	1	0
注意状态	8	206	0	0
异常状态	2	0	43	0
严重状态	0	0	0	20

由表 5-9 可以得出该模型的分类正确率为 95.35%，Kappa 系数为 0.9235，这表明分类效果优秀，验证了上述模型整体的准确性。

同时，由表 5-9 可知，正常状态评价正确率为 94.09%，注意状态评价正确率为 96.26%，异常状态评价正确率为 95.56%，严重状态评价正确率为 100%。模型中四个状态等级的评价正确率均达到了 90%以上，且对严重状态没有出现分类错误的情况。这表明了该模型在对每个状态等级进行分类时分类效果较好，验证了该模型对各状态等级判断的准确性。

上述计算结果在分类正确率、Kappa 系数和评价正确率这三个分类效果评价指标上均表现优秀，这表明基于随机森林算法的架空输电线路状态评价模型具有优秀的分类性能，具有较好的可靠性和实用性。

图 5-9 给出了采用随机森林算法和 C4.5 算法的分类正确率和 Kappa 系数的对比。

由图 5-9 可知，相比 C4.5 算法，随机森林算法的 Kappa 系数高 0.1354，分类正确率算法高 7.95 个百分点，在分类性能上优势较大，再次证明了随机森林算法的优越性。

在基于随机森林算法的架空输电线路状态评价方法中，首先将架空输电线路按结构分为 8 个单元，并考虑了 20 种线路状态特殊情况，构建了包含 79 个状态量的评价体系，提高了架空输电线路状态评价的全面性。在此基础上，基于随机森林算法构建架空输电线路的状态评价模型，并对模型进行优化。实例验证结果表明，上述方法对架空输电线路的状态评价分类性能较好，可为电网运行提供决策支持。

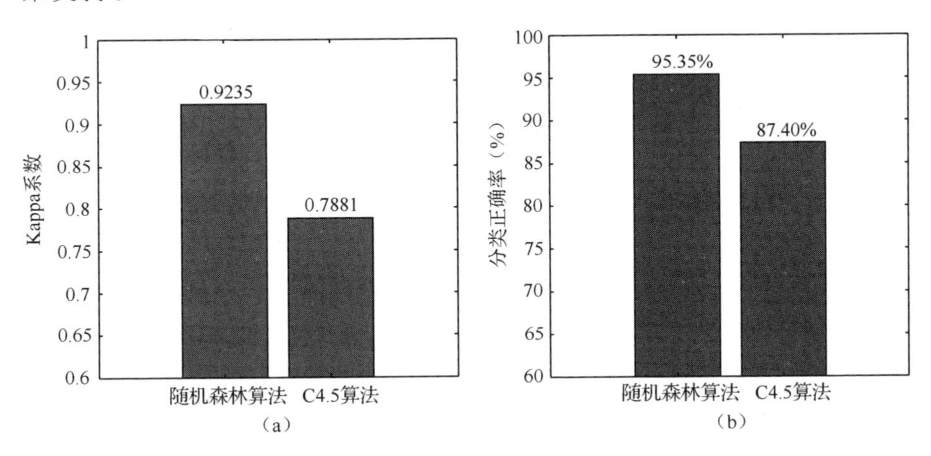

图 5-9　随机森林算法和 C4.5 算法建模效果对比

5.4　故障抢修

5.4.1　应用背景

配电网地域广阔，结构繁杂，准确预测抢修用时和设备故障范围非常关键。基于大数据应用的配电网故障抢修管理，可实现故障准确研判，故障实时监测，故障趋势实时分析，极大地提高了故障抢修预案的合理性，并实现了抢修车辆、工具以及驻点物资、人员的优化配置，对用户而言，可有效地缩短其停电时间并减少用户的停电损失；对电网企业而言，可显著提高客户供电可靠性，提高企业抢修资源的利用率，提高供电服务能力，提升供电经济效益。配电网故障抢修预案优化设计是提高配电网故障抢修效率的前提。分析不同抢修环节用时与故障类型、气象参数等之间的内在规律，预测不同类型抢修环节的用时、气象参数间的内在联系，可为故障抢修资源调配提供决策基础。

5.4.2 实现设计

下面介绍某市供电企业研发的配电网故障抢修管理系统。该系统可实现故障智能感知与综合研判、抢修态势实时监控。

1. 系统功能设计

该系统实现了对配电网运行状态的实时监测和评估。该系统关注典型低压用户的电压数据，包括供电半径最远处、有供电质量投诉的低压用户电压数据，结合当前已接入的线路、配变，实现站—线—变—户低压用户电压水平的监测及评估；以配电网设备检修、抢修过程为分析主线，对配电网的计划停电、故障停电、带电作业、抢修态势等内容进行分析；实现对 95598 工单、主动抢修工单、异常处理工单的过程管控、抢修平均时长及抢修工作量同期对比进行分析。

配电网抢修精益管理功能分为抢修工作量分析和抢修效率分析两部分。其中，抢修工作量分析功能通过故障数量实时分析、故障趋势监测、故障处理情况反馈等功能实时分析各区域驻点和班组的工作强度，为配电网抢修的实时调度和监控提供依据；抢修效率分析功能基于抢修效率分析结果，进行抢修资源配置评估，分析驻点位置的合理性和抢修成本情况，给出物资、人员配置的优化建议。

K-means 聚类算法是数据统计分析的经典算法，该方法建模简单、计算效率高。下面给出一种基于 K-means 聚类算法的抢修用时预估方法。

首先，在维修工单记录系统中，将区域内配电网故障信息导出，按故障原因将抢修工单归类。

其次，采用 K-means 聚类算法，按抢修环节进行历史用时聚类。将聚类结果作为该抢修环节的标准用时。

然后，对比历史工单抢修的实际用时与标准用时，建立抢修效率模型。

最后，根据抢修效率模型，估算当前抢修环节用时。

2. 展示可视化设计

围绕配电网故障抢修业务，实现全过程、全信息的可视化展示。

（1）基于 GIS 平台实现故障告警的实时监控，计划、故障停电情况下抢修工单及抢修人员位置分布的实时全景动态展示。

（2）实时获取配电网主要设备的实时电压、实时电流、有功、无功、故障等数据信息，实现配电网动态数据在配电网专题图形中的智能化全景展示，为管理人员提供决策支持。

（3）通过大数据平台对区域内配电网故障抢修、计划/故障停电信息进行数据集成，查找网架薄弱点，对配电网可能存在的风险提前预警，结合 WebGIS 服务对区域故障进行趋势分析和全景展示，辅助配电网智能规划。

配电网故障抢修管理系统包括一级功能 2 个，二级功能 10 个，如图 5-10 所示。

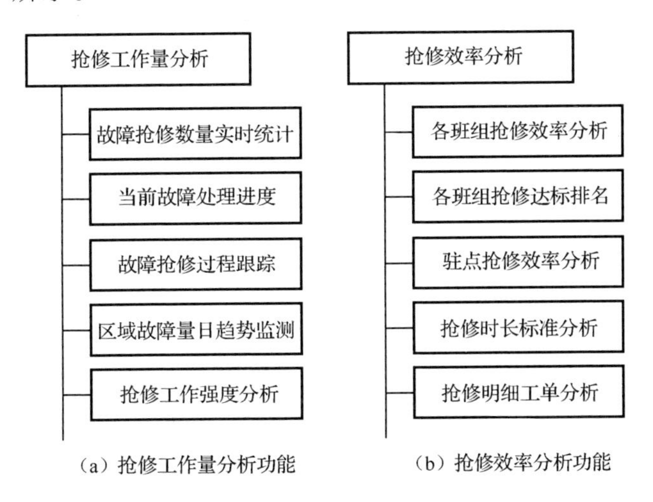

（a）抢修工作量分析功能　　（b）抢修效率分析功能

图 5-10　配电网故障抢修管理系统功能

5.5 保电应急

5.5.1 应用背景

近年来，大停电事故经常发生，极端天气灾害发生的频率因全球气候变化的原因在过去的四十年内增长了十倍，罕见自然灾害的出现频率大大增多的同时，其所带来的经济损失呈指数级增长。过去十年间发生在亚洲的极端气象灾害事件数量占全球总量的 43%。极端天气的频繁发生对电力系统的保电策略提出了更大挑战，建设更稳定可靠的保电精准指挥系统势在必行。

智能保电指挥模块充分利用了物联网、移动互联等技术，实时掌控电网设备、值守队伍、保障车辆、应急物资等信息，实现了供电网络监控一体化、停电研判故障分析智能化、保电资源部署可视化，全面提升了保电应急处置针对性和协调指挥效率，保证了电网的稳定运行。

5.5.2 实现设计

精准的保电指挥首先应对一体化的供电网络设备实时监控，完善信息录入，针对不同情况进行特殊处理，达到保电区域全覆盖；其次对多种类型的极端灾害，如台风、雷电、山火、覆冰等，通过气象部门的天气预警，事前合理配置应急资源。

下面对某供电企业开发的电网运检智能化分析管控系统进行功能介绍。

5.5.2.1　构建一体化监控网络

智能保电指挥应用系统可以顺利完成保电任务，增强了配电网的运行监控与应急指挥能力。该系统构建一体化监控网络，管控特级保电用户站—线—变—户供电路径，将监控范围由系统侧电网延伸至用户插头，实现 13 个保电战区精准指挥。

新建或加装“两遥”采集装置，将用户设备自动化信息接入调度自动化系统，将监控范围由系统侧电网延伸至用户插头、灯头，消除监视盲区。

在一体化监控基础上，实现用户供电电源追溯，直观展示用户上级变电站和 500kV 供区，指导抢修人员、用电检查人员针对性开展用户保电工作。

设备状态监测系统和气象环境监测系统，实现用户设备、电网运行方式、设备状态评价和气象条件等信息全采集。当设备发生故障时，在接线图上选择断开位置，以电网当前运行方式和供电网络拓扑为计算依据，保电模块自动研判受影响的下级供电网络和保电用户，通过着色、闪烁进行突出显示，提示停电范围和停电用户。

保电模块综合分析业务应用集成采集到与故障设备相关的设备状态评价、天气情况、缺陷隐患记录、历史故障等信息，给出设备故障可能的原因。通过智能化研判和故障分析，为保电指挥提供决策参考，针对性开展后续故障处置，提高处置效率和准确性。

通过 PMS、车辆管理系统、移动作业终端，在 GIS 地图上定位并标注保电人员位置、应急物资仓库位置、保电车辆位置，实现保电资源位置展示。利用移动作业终端，指挥中心可随时与现场保电人员视频会商，可查看保电设备及周围环境情况。全方位接入特级及一级保电线路视频、变电站视频。

通过设备定位与设备状态监测系统联动，变电站定位与供电网络图联动，用户定位与内部接线图联动，实现供电设备与保电资源互动，为指挥中心就近部署故障巡视和故障抢修人员提供辅助决策。

全面展示区域保电设备、用户数量与分级、保电人员装备车辆投入、保电联络方式等信息，确保指挥中心全面掌控 13 个重大保电区域的实时工作状态情况。

区分正常态和异常态保电设备状态，推送异常预警和告警信息，及时触发指挥中心启动应急处置流程，利用故障智能研判和故障原因分析，迅速、准确就近部署故障巡检和故障抢修力量，科学、有序、高效完成应急处置指挥工作，实现保电指挥精准化。

5.5.2.2 实现多元化灾害事前监控预警

1. 台风灾害监控及预警

通过与国家气象部门合作，组建多层级台风监测网，在管控平台中可实现台风灾害的监控预警，及时发布台风路径、风力监测信息等。

根据台风路径和风力、雨量等评估受影响线路、变电、供电范围及受损预警分析，优化资源调配，包括以下三个方面：

（1）台风防御现状分析。基于台风实时动态和发展趋势，即时发布、调整台风预警和应急响应级别，并预测台风期间负荷变化、电网故障区域、设备受损范围以及应急力量配备情况，指导防汛抗台各项工作。

（2）台风抢修策略建议。在 GIS 地图上直观展示实时调度信息和网格受灾情况，及时掌握电网设备故障与恢复送电情况、供电计划影响情况、各单位应急力量投入和分布情况，实时展示抢修现场实况及抢修进度，合理调配应急力量等。

（3）灾后评估分析。对本次台风影响情况进行统计，并分设备类型和主配电网专业对台风损失进行统计分析，评估经济损失，分

析设备故障原因，找出隐患和防台薄弱点，制定并落实整改措施。

2. 雷电灾害监控及预警

建立雷电大数据基础平台，实现输电线路历年数据的存储管理及规律性挖掘分析，实现区域内交、直流线路的雷电监测与预警分析计算及应用。打造雷电大数据可视化展示平台，清晰直观地呈现输电线路运行气象环境、落雷密度、雷击故障及分析处理等信息。

系统功能主要包括以下三个方面：

（1）实现雷击故障和落雷信息的关联分析，提升雷击故障后的事故巡线效率。

（2）实现多维度落雷信息统计分析，使运维人员能够掌握线路通道内落雷次数和雷电流等参数的变化趋势，提升线路防雷改造工作针对性。

（3）基于大数据挖掘算法，建立科学的大数据分析预测模型，实现输电线路雷击故障风险在线实时评估及雷电灾害风险预警功能。

3. 覆冰与山火灾害监控及预警

基于政府、企业等监测的覆冰与山火动态信息，展示某区域内覆冰范围预测图和覆冰在线监测告警装置分布图。

系统功能主要包括以下三个方面：

（1）全面掌握输电通道未来 72 小时内的覆冰范围分布及变化情况，及时对覆冰高风险区域的输电线路进行预警。

（2）通过覆冰预测冰厚和线路区段设计冰厚等因素间的关联分析，为运维人员提供线路覆冰预警等级，以便运维人员能够及时采取直流融冰、负荷转供等应急措施，实现对抗冰工作的整体指挥协调。

（3）展示全区域火点分布、山火隐患点分布和受影响线路区段分布等信息。结合气象、山火短期预报信息，为及时防范输电线路

山火事故、指导山火前期处置提供依据。

本章参考资料

[1] 陈俊星. 基于数据挖掘技术的电力设备状态评估[D]. 北京:北京交通大学，2019.
[2] 谢桦，陈俊星，郭志星，等. 基于随机森林算法的架空输电线路状态评价方法[J]. 现代电力，2020,37(6):559-565.
[3] 宫宇，吕金壮. 大数据挖掘分析在电力设备状态评估中的应用[J]. 南方电网技术，2014,8(6):74-77.
[4] 谢桦，陈俊星，赵宇明，等. 基于SMOTE和决策树算法的电力变压器状态评估知识获取方法[J]. 电力自动化设备，2020,40(2):137-142.
[5] 国网天津市电力公司，北京科东电力控制系统有限责任公司，国网电力科学研究院有限公司，等. 一种基于知识图谱的设备运行链状态监测方法:CN202110705816.4[P]. 2021-09-21.
[6] 国家电网公司，国网信通亿力科技有限责任公司. 一种基于大数据技术的配网抢修精益化方法以及管理系统:CN201510993392.0[P]. 2016-06-22.
[7] 国家电网公司，南京南瑞集团公司，南京南瑞信息通信科技有限公司. 一种基于大数据的电网信息运维主动预警方法:CN201510695185.7[P]. 2016-02-24.
[8] 徐祥征，王师奇，吴百洪. 基于大数据分析的配电网主动检修业务应用研究与实现[J]. 科技通报，2017,33(6):105-108.
[9] 陈国辉. 大数据思维在变电检修策略中的应用[J]. 低碳世界，2015(33):15-16.
[10] 谢婷. 大数据在变电检修工作中的应用[J]. 百科论坛电子杂志，2019(1):270.

[11] 王奕凡. 主动配电网动态故障恢复方法研究[D]. 北京：北京交通大学，2019.

[12] 珠海许继芝电网自动化有限公司，珠海许继电气有限公司. 一种保电指挥系统和方法：CN201610950038.4[P]. 2017-05-17.

[13] 周安春，杜贵和，高理迎，等. 基于“大云物移”的智能运检技术推动传统运检模式变革[J]. 电力设备管理，2018(1):31-36,41.

[14] 陈昊南. 上海：提升抢修精益化水平[J]. 国家电网，2015(11):54.

[15] 徐嘉龙，郭锋，朱义勇，等. 智能运检管控体系建设[J]. 电力设备管理，2018(2):28-30.

[16] 虢韬，沈平，刘锐，等. 基于 GIS 的输电线路防灾减灾分析系统设计[J]. 贵州电力技术，2015,18(10):35,38-40.

[17] 谷凯凯，徐进霞，周正钦，等. 基于知识节点和 FMECA 的变压器故障诊断系统[J]. 电气应用，2017,36(4):27-32.

[18] 刘荣胜. 基于集成学习的变压器故障诊断与状态评估[D]. 长沙：湖南大学，2018.

[19] 国网上海市电力公司，上海交通大学. 一种基于多状态量预测的变压器状态评估方法：CN201710086695.3[P]. 2017-06-30.

[20] 国网安徽省电力有限公司马鞍山供电公司. 一种基于大数据的电网信息运维主动预警方法：CN202111210091.8[P]. 2022-03-08.

[21] 孔祥翠. 智能电网的研究进展及发展趋势[J]. 城市建设理论研究（电子版），2016(4):23.

[22] 张冀，张亚静，仇向东. 基于博弈组合赋权的变压器差异化状态评估[J]. 高压电器，2022,58(4):205-212.

[23] 韦舒天，汪里，章旭泳. 特高压直流输电线路在线监测系统的应用分析[J]. 浙江电力，2012,31(4):57-59.

[24] 罗汶锋. 基于大数据分析的空管设备检修模式[J]. 科技创新与应用，2018(32):193-194.

[25] 虢韬，刘锐，沈平，等. 基于电力大数据的输电线路防灾减灾

分析系统设计——以贵州电网为例[J]. 灾害学，2016,31(1): 135-138.

[26] 徐科，金卫才. 10kV配电网地电位绝缘工具间接旁路带电作业法的探索与应用[C]. 2013配网带电作业技术经验交流与操作技能观摩会论文集，2013:169-171.

[27] 张然. 石化企业离心压缩机组状态监测与健康评估[D]. 大连：大连理工大学，2018.

[28] 张强，袁和刚. 基于小波变换的输电线路运行状态在线监测系统设计[J]. 通信电源技术，2023,40(3):101-103.

[29] 刘新建，王鑫明. 河北保定供电公司新型电力系统 有源配电网监测平台上线[N]. 国家电网报，2021-11-10(02).

[30] 沈惠. 数据挖掘下的高校图书馆信息资源管理分析[J]. 科技视界，2020(25):152-153.

[31] 国网浙江省电力公司电力科学研究院，国家电网公司. 基于多源数据的交流特高压 GIS 的状态评价方法和装置：CN201610197627.X[P]. 2016-07-06.

[32] 国网辽宁省电力有限公司电力科学研究院，南京南瑞信息通信科技有限公司，国家电网有限公司. 基于大数据的配网线路全景可视化数据监控与分析系统：CN202010983385.3[P]. 2020-12-18.

[33] 姚森敬，文正其，张林，等. 一种变压器状态评估中的状态量优选方法[J]. 中国电力，2014,47(8):8-12.

第6章

电力大数据在电力营销领域的应用

电力市场化的主体日趋多元化，倒逼供电企业开展服务模式创新，才能满足多变的市场需求，提高企业竞争力。能源互联网需要“互联网+”营销服务，能源交易和能源信息共享的态势逐步发展，推动供电企业挖掘新的市场价值。然而，我国供电企业当前缺乏在新形势下与客户广泛动态地实时互动，缺少迅速捕捉客户需求并将其传递到服务后台的链接通路，缺少对细分市场的研究，没有形成面向市场和企业价值链的高效运营模式，这为大数据、云计算、物联网、移动互联网等新技术在电力营销领域的创新应用创造了很大空间。

基于大数据技术，对线上线下数据进行多维度整合分析，挖掘客户需求，实现供电核心业务的精准营销；分析客户特征，预测需求动态，提供能源转型下的差异化服务策略，提升各类客户用电服务体验，拓展供电企业能源互联网服务模式，是电力营销适应和引领新常态的必然选择。本章围绕营销服务升级、供电服务提质提速等变化，介绍电力大数据应用的实践成果。

6.1 立体化服务渠道建设

6.1.1 应用背景

现在人们已经离不开网络，对在线服务的要求日趋强烈，电力客户迫切需要随时随地的营销服务，要求供电企业的营销服务更加快捷和流畅，从而提升企业的服务创新能力。应用大数据技术可使供电企业挖掘潜在的市场价值，设计精准的营销策略。通过电力营销渠道使企业与客户互动连接，立体化服务渠道可提高客户的服务感知和服务体验；通过电力营销系统细分客户，解决服务资源有限的难题。应用大数据不仅可以将客户服务的项目细化，而且可以在同样项目的服务深度上加以区分，将有限的服务资源产出最大的边际效益，帮助供电企业在市场竞争中占据先机。营销渠道立体化使得服务规则更加规范，服务速度更加快捷，服务手段更加多样，更适应当前社会的发展趋势。

6.1.2 实现设计

随着大云物移智等新技术和能源技术的深度融合，以及互联网背景下交互式、移动式设施的广泛应用，使电力营销渠道实现数字化和智能化成为可能。供电企业可打造本地服务渠道和电子服务渠道一体化协同管理的电力营销立体化服务渠道。

本地服务渠道是基于传统的营销方式建立的，例如营业厅、自助服务、客户现场和社区服务等。供电企业设置营业厅，通过现场的客服或自助机器对客户进行服务，或者派专人到各个社区对有需求的客户进行现场服务等。

电子服务渠道，又称线上服务渠道。在线支付等技术的兴起，推动了在线营业厅等在线服务方式的发展。例如，掌上电力 App、95598 网站、微信公众号、支付宝服务窗、短信平台等，这些平台使客户足不出户便可以办理业务，极大地提升了客户体验。电子服务渠道越来越成为供电企业为电力客户提供服务的主要渠道。这些网络渠道的进一步优化，可以实现营业厅业务的全覆盖和服务设备资产的全生命周期管理。

2020 年 6 月，国网浙江电力有限公司在中国电力网网站上宣布，已完成 342 个营业厅“三型一化”（服务型、市场型、智能型及线上线下一体化）转型升级，占全部营业厅的比例为 57.1%。某市供电企业，通过开展线上推广和线下推广相结合的新方式，移动作业终端总体应用规模已超过 10000 台，各类电子渠道注册用户已超过 1000 万户，电子渠道交费金额已达 29.2 亿元，基本取消纸质账单。以上数据表明，线上线下的营销立体化服务渠道的建立，顺应了形势要求，企业在创新客户服务模式、拓展新业务、培育新增长点等方面迈出了坚实的一步。

下面介绍某供电企业建设立体化服务渠道的设计思路及其应用案例。

6.1.2.1 设计思路

该企业的立体化服务渠道将本地服务渠道和电子服务渠道有机结合，形成线上线下双门店模式，提升客户体验度和满足感，双向互动拓展市场，实现了接入渠道、配置渠道、管理账户、服务调度和监测业务等五个方面一体化的协同管理。

在渠道接入方面，完善业扩、用检、电费催收等移动作业微应用群，并实施服务渠道协同管理，从而形成线上线下协同的立体化服务网络。高、低压客户可以通过掌上电力 App 以及微信小程序等在线渠道办理电子账单订阅、电费支付、故障报修等线上服务，也可以去附近营业厅网点进行业务办理，还可以采取线上提前预约、线下取号的方式，提高办事效率。同时，营业厅依据线上预约的情况，根据预约人数安排值班，采取动态服务方式，实现更加科学的人员管理。

在账户管理方面，主动与客户互动，建立动态的实时联系。并在互动方式、环节以及内容等方面与客户开展配合。在互动方式上，主动理解客户需求，分析客户体验频率、感知延续时间以及客户满意度、忠诚度等指标，改进客户体验。例如，计划停电的主动通知业务，通过差异化渠道响应不同客户对停电信息的反应。在互动环节上，以业务痛点和服务难点为抓手，分析业务、服务流程等关键互动环节，及时、主动和客户发生有效互动。例如，客户在办理峰谷业务后会收到业务办理确认短信，明确告知处理进度、服务预约和查询渠道。在互动内容上，利用标签技术进行客户细分，精准定位需求客户，根据不同需求定制个性化互动内容，寻求客户心理契合点，主动向客户推送定制内容，提高有效互动频次。例如，根据线上渠道偏好标签定制引流内容。

在监测业务方面，借助大数据，预测客户用电趋势和设备的实时工作状态，及时发现计量装置需提前更换或超期未换的问题，主动为客户提供服务。

6.1.2.2 应用案例

下面给出该系统中停电影响分析和计量装置监测来说明大数据技术的应用情况。

1. 分析停电影响，提供个性化服务

停电不仅是供电企业内部生产管理的事故，还是影响各行各业、千家万户工作和生活的重要事件。除了发布的停电类型、时间、原因、区域等基本信息，还有各类服务渠道，无论线下营业厅，还是线上 App，在开展客户停电查询服务的过程中，这些零散的、大量的话务数据、业务工单数据都是具有一定价值的数据。

（1）话务、业务工单数据分析。

基于历史电力数据，针对停电信息中如时间、区域、类型等元素，按停电前、停电中、复电后等时间段的话务数据和业务工单情况，借助大数据技术，采用影响图（Influence Diagrams，IDS）等分析方法，直接或间接地对数据元素进行影响关系分析，构建影响关系图和关系模型，开展停电话务预测和话务分时预测。针对发布的停电信息，开展停电发布后对各类服务渠道影响的预测分析，为服务渠道的人力规划、座席排班等提供数据支撑，提高人员的灵活配置能力，提升各营销渠道的精益化管理水平。

（2）停电导致的客户行为分析。

基于历史停电和业务工单信息，根据站—线—变—户关系，通过线—户关系下业务工单的聚类分析、工单业务类型和诉求内容的归因分析，建立线户停电区域的关联分析模型。从客户对停电的敏感程度出发，分析因停电导致的客户业务诉求，为开展主动服务提供支撑。分析客户对停电信息的敏感性，从受停电影响区域出发，分析客户受影响的可能性，对客户来电诉求时的停电可能性（用电状态）进行分析，对座席服务过程中的用户状态判断提供支撑（是否在停电影响范围内）。针对客户对停电事件的关注程度和业务诉求过程中对停电行为的主动干预和有针对性的主动服务，开展停电客户业务量预测。从业务管理的角度，针对发布的停电信息，开展业务影响分析，为停电服务策略的规划提供必要的数据和业务支撑，提前启动应对措施，提高服务效率和服务能力。

（3）电网质量分析。

通过对历史的停电信息分析，针对停电频次、停电原因等，分析停电范围内客户故障报修、客户投诉、故障抢修等数据，利用归因分析、聚类分析等分析方法，建立停电—电网质量分析模型，从用户使用电力产品体验角度分析电网建设薄弱点，为电网发展、电网规划及投资提供数据支撑和依据。从停电时电网的运行质量和供电能力角度，开展电网质量分析，不仅从停电线路、频度层面对停电进行分析，同时从客户关注度、影响度以及客户的敏感度等层面，基于客户的感知角度分析电网质量情况，对公司的电网发展和投入以及侧重点等提供数据依据，从而进一步提高电网管理能力和资源配置能力。

从分析客户请求服务电话的业务诉求出发，通过客户的历史信息以及所在线路信息，结合发布的停电信息分析当前用户的用电状态。基于停电用户的状态，在客户拨打供电服务电话后，准确判断客户意图，智能选择是否播报停电信息，提供自动语音服务，减少人工服务压力。在客户接通电话后，主动提示座席人员向客户表达停电歉意，化解客户情绪，为客户提供愉悦的服务体验。

基于停电的管理分析，主动对停电敏感客户提供停电通知服务，提前主动服务，减少客户在未知停电信息情况下的话务请求，通过管理和主动服务，降低客户电话呼入量。对停电投诉敏感客户，在停电发生后，主动联系客户，安抚客户，提高客户的服务体验，从而进一步提高客户的满意度。

2. 分析电表数据，监测计量装置状态

智能电表的应用已经普及。用户对智能电表应用过程的服务质量要求进一步提高。通过对智能电表数据的分析，可提高电网的自身检测能力，并减少和预防非正常停电发生，更好地服务客户。

某市电力公司以营销业务系统智能电表故障流程为基础数据，开展故障类型、业务量等现状调查和统计分析，实现了对计量装置的状态监测。

截至取数日，某地区智能电表接入数 182.69 万个，近 8 个月受理智能电表申校与故障处理流程共计 8615 个，其中计量装置故障流程 7599 个。根据电表检验方式区分，现场检验流程 3141 个，实验室检定流程 4458 个。在实验室检定的表计中，检验鉴定结果为合格的 435 个，不合格的 4023 个，合格率为 9.76%。

（1）66 个用户存在一年内同一用户在相同计量点内进行 3 次及以上非轮换（改造）的换表业务（已剔除表计的虚拆）。

异常原因主要是用户存在超容现象，引起表计烧坏，导致多次换表；其他原因如采集无数据、端口故障、表计轮换、申校等。

（2）1747 个用户存在智能电表在一年内被轮换或改造。

异常原因主要有三个，一是原智能电表功能有缺陷；二是由于其他业务走轮换改造流程；三是其他原因，如光伏用户改双方向表计、时钟异常、表计 485 故障无法采集、电池欠压、台区线损过大调换表计等。

从表计类型来看，故障主要集中在居民所使用的 2 级单相远程费控智能表，这类表计故障占统计期故障总数的 76.51%，统计结果与该类型表计覆盖数量比例维持一致。按照故障类型统计，如表 6-1 所示。

表 6-1　故障类型

故障类别	工单数量（件）	故障占比
接口故障（485）	393	5.10%
表计烧坏	1078	13.99%
电池欠压	1123	14.57%
时钟异常	3086	40.05%
外观损坏	418	5.42%
通信故障	20	0.26%
集抄失败	55	0.71%
显示故障	129	1.67%
灾害损坏	71	0.92%
其他	1333	17.30%

电表故障主要集中在时钟异常、电池欠压及表计烧坏三类。造成时钟故障的具体原因包括时钟电池没电、时钟芯片损坏等，其中又以电池欠压造成的异常为主。随着智能电表的普及应用，因时钟问题造成的电表故障将越来越受到供用电双方的关注。

电表轮换周期的长短，取决于计量对象的重要性、电表自身质量、工作环境等多方面因素。对于监测过程中暴露出来的厂家生产本身存在工艺问题的表计，未到规定的轮换周期，但由于表计存在电池欠压等缺陷，一旦发生停电将会出现时钟故障，继而影响分时结算用户电量的准确计量，故而协同业务部门，对该类问题电表进行批次分析，同时制定主动提前轮换方案，避免电费结算纠纷、电量电费损失和法律风险。

6.2 供电服务模式搭建

6.2.1 应用背景

客户的用电业务是供电企业的核心。利用大数据优势，管控更加精益，管理水平显著提升。将相关岗位及协同环节纳入管控，真正实现全流程部门责任分解。加强信息交流共享，推动跨专业业务融合，有效提升服务质量和跨部门协同效率，为配电网发展规划和建设改造提供有效支撑，企业经济效益大幅提升。新模式下的业务流程体系，办理环节精简，业务办理时长大幅缩短，客户体验更加满意，社会形象全面提升，增强了企业竞争力。

6.2.2 实现设计

立体化服务渠道为改进运营机制奠定了基础，大云物移智现代信息技术为供电企业改进运营机制提供了支撑条件。下面介绍某省供电企业的运营机制设计及供电服务应用案例。

6.2.2.1　运营机制设计

1. 建立供电服务组织新模式

首先以市场为导向，以客户为中心，优化服务组织架构和专业协同流程，构建省地两级营销服务运营架构。前端连接供电企业客户服务中心、政府、客户，实现线上线下全业务接入，加强客户服务全过程互动，后端优化作业组织，压减作业链条，强化营配调专业协同。建立省地两级的全渠道协同运营机制，省客服中心是在线渠道运营机构和全渠道监督管控机构，负责电子渠道的运营管理，下发电子渠道受理的客户用电申请及其他诉求，同时管理地市公司的运营活动；负责全渠道全业务的监督管控，对地市公司开展营销稽查及现场穿透分析。地市公司是全渠道协同运营的业务支撑和实施机构，负责地市层面全渠道全业务管控及电子渠道地市层面活动运营；负责审核线上渠道申请并发起流程，负责与客户预约、派单、现场作业管控及客户回访。加强前端与后端衔接，实现“客户需求集中汇聚、线上渠道集中运营、服务资源集中调度、后端专业集中协同”，形成“小前端、大后台”的供电服务新模式，流程如图 6-1 所示。

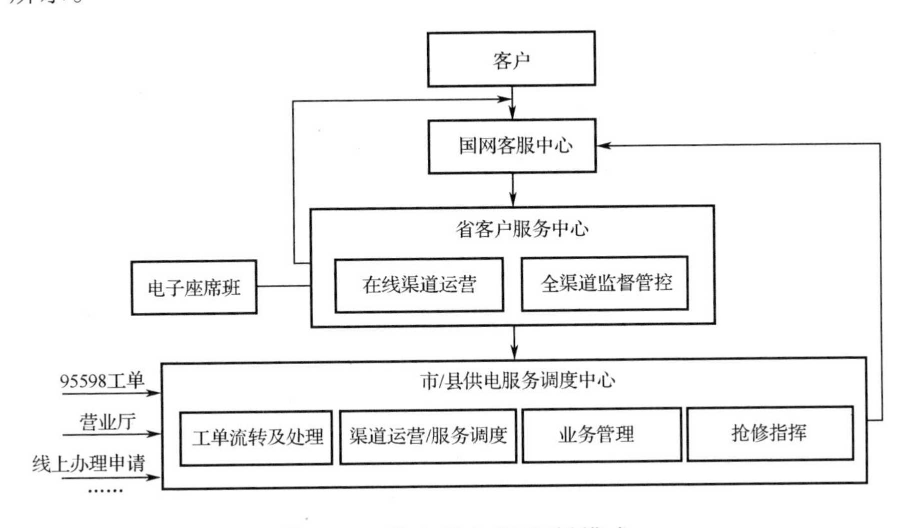

图 6-1　供电服务组织新模式

2. 建立全流程协同管控机制

以顶层设计为依据，根据客户痛点和服务难点，针对客户业务便捷办理设计服务流程，优化复杂的管理制度，简化烦琐的收资和归档要求，实现公司内部业务的高效流转，使营销业务逐步满足线上办电需求。以高压暂停为例，通过对原有业务流程的优化、精简、合并，将原流程从 11 步业务环节精简至 5 步，将原流程涉及的 8 个岗位精简至 5 个岗位，加强客户“一站式”办电体验，实现服务效率与客户感知的统筹兼顾。

在精简业务流程的同时，建立服务全流程协同管控机制，开展跨专业业务流程融合，打通服务流程跨部门、跨专业之间的信息通道，实现线上流转、专业协同无缝对接。同时按照全过程实时监控，结果指标评价模式，构建公司、部门、基层，多层次、立体化的全过程管控模式，各个专业按环节设置不同时限预警值，实现全流程全环节超期前自动预警。开展第三方事后评价，依托运营监控中心开展监测分析，评价专业协同效率和质量，开展穿透分析，全面评价各基层单位、各协同部门的指标管控情况，促进跨层级问题闭环落实。

3. 优化业务运作流程

目前，掌上电力 App、95598 网站、微信公众号、短信、支付宝等多个电子渠道已经建立，可受理低压居民、低压非居民、高压客户的线上业务。

6.2.2.2 应用案例

下面以低压居民新装业务、业务扩展报装流程为例，介绍改进运行机制下供电服务案例。

1. 低压居民新装业务受理

用户可以通过掌上电力 App 简单、方便、快速地实现低压居民新装业务受理。

（1）提交申请。

用户须下载并打开掌上电力 App，填写用户姓名、手机、地址以及相关证件信息等，信息完善后提交申请。

（2）申请审核。

提交申请后，工作人员将对信息的完整程度进行验证，验证通过后将进入正式审批环节，并通知用户。若信息有缺失，则通过短信和掌上电力 App 通知用户进行补充。

（3）业务完成。

进入正式审批环节后，工作人员将根据要求对其进行处理。

线上业务受理，改变了过去用户必须到营业厅才能办理业务的状况。用户不仅可以查询当前的流程进度以及历次办理的业务记录，而且可以进行在线互动，通过咨询服务解答办理过程中的疑惑。

2. 业务扩展报装管理

大数据和物联网等现代信息技术的发展，为实现业务扩展服务新模式提供了可能。该供电企业提出的目标为：提质增效、智能互动、全程管控和高效服务。

（1）提质增效。

对潜在市场的用电需求进行调研，掌握潜在用电需求的变化趋势。各部门对接收到的信息进行分类归整，并实现部门间数据共享，提高办事效率。对业务扩展报装的配套工程进行全方位宽领域管理，建立供电服务调度中心，并在管理过程中着重考虑用户需求。

（2）智能互动。

构建智能互动式业务扩展报装服务。建设供电服务调度中心，实现客户需求实时传递、快速处理；打造多平台、多用途线上渠道，使客户能够在线办理业务，实现与客户之间的智能联通、全天候互动。

（3）全程管控。

构建业务扩展报装管控平台，对业务扩展报装信息、配套工程建设信息、客户售电工程信息和业务扩展报装停/送电计划信息进行全面记录。各部门记录信息后进行数据共享，实现全过程透明化管控。

（4）高效服务。

提升工作人员整体素质，探索管理新模式。明确人员分级制度，提升工作人员的服务积极性，强调工作人员与客户之间的良性互动。

6.3 智能用电服务

6.3.1 应用背景

随着用电需求的增加以及智能用电技术的快速发展，电力用户不仅追求供电的安全可靠，更希望得到个性化、人性化以及多样化的用电服务。用户日趋多元化的用电服务需求对智能用电技术提出了更高的要求，供电企业与用户之间需要更深入、更频繁的双向互动，需要在电网生产、经营管理以及优质服务等方面实现跨业务融合。针对上述问题，需要建立更加完善的双向互动体系架构，以实现智能用电服务的自动化、互动化和信息化。

智能用电服务需要将大云物移智等现代信息技术与能源技术深度融合。大数据提供了电力数据的全新理解和分析思维方式。基于大数据做出分析、判断和决策，挖掘电力数据价值，提供个性化的服务，实现智能用电服务是供电企业更好服务社会的核心价值的重要体现。

6.3.2　实现设计

下面介绍某研究院设计的智能用电小区分层双向互动体系架构。该双向互动体系架构主要包括用户侧终端层、信息通信层、电网侧应用层，如图 6-2 所示。

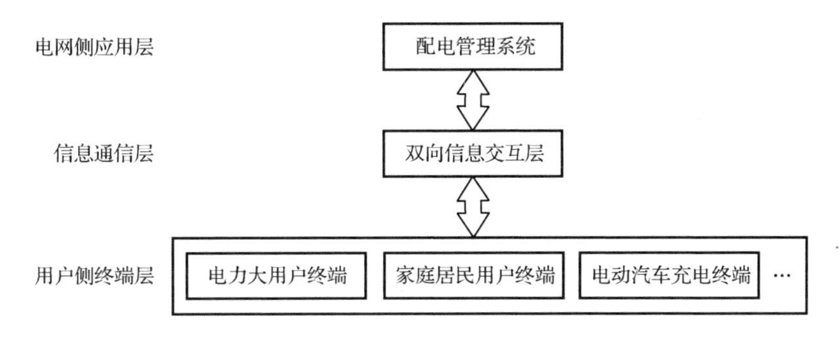

图 6-2　双向互动体系架构

1. 用户侧终端层

用户侧终端层主要负责用电设备的信息采集与控制。依据互动服务对象，可以分为电力大用户终端、家庭居民用户终端、电动汽车充电终端等。

（1）电力大用户终端。

电力大用户的用电量较大，不仅对供电的安全性及可靠性要求较高，并且不同电力大用户对电能质量的要求也存在差异。通过安装在大用户企业的智能电表和数字化计量装置，实时采集用户用电量、电压、电流、功率以及功率因数等信息，系统地分析用户用电需求及负荷状况。根据采集到的用户用电信息，电网在为用户提供合理使用电能建议的同时，也为配电规划以及电能调度提供参考。此外，电力大用户根据自身的用电量及电能质量需求，通过双向交互终端设备向电网提出要求，电网便可定向、精确地提供用电服务，从而保证用户用电设备的安全稳定运行。此外，电力大用户还可以了解所处区域电网的运行状况及实时电价的变化信息，结合自身经营状况和实际需求，采取相应的购电策略，降低购电成本，提高企业运营效益。

（2）家庭居民用户终端。

家庭居民用户作为智能用电系统的主要服务对象，其用电服务需求日趋多元化。为了更好地满足用户的用电需求，居民用户开始安装智能插座、智能电表等，以使智能家居快速发展。家庭居民用户可以通过计算机、手机和平板电脑等双向互动终端设备实现对电器用电情况进行实时监视和电器开关的远程遥控等。此外，电网也可以通过双向智能电表，采集和上传智能家居设备用电信息，然后进行数据分析，帮助用户进行负荷优化、用电分析和用电指导。

（3）电动汽车充电终端。

在低碳环保和节能减排的政策指导下，电动汽车及充电设施日益增加，电动汽车充电终端设备也日益增加，电动汽车充电终端主要包括车辆电池管理模块、车辆信息监测模块及充电设施感知模块等。

电动汽车用户可以通过车辆的电池管理系统，实时获取车辆的电池组电压和电流、电池健康状态等信息，以确保车辆电池安全正常运行。车辆信息监测模块可以获取用户的车辆电池 ID、电池型号、耗能功率等信息，为电动车用户提供精准服务。当监测到车辆需要充电时，智能用电系统通过充电设施感知模块获取附近区域充电站位置和充电桩是否空余等信息，为用户推荐距离和电费最优的充电选择方案。同时，用户也可以通过智能感知终端实现车辆行驶里程估算、充电站实时状态监控，实现充电站与用户数据共享，提升电动汽车用户的满意度。

2. 信息通信层

信息通信层用于连接电网侧应用层和用户侧终端层，在用户及电网授权的情况下，借助双向通信网络实现电网侧和终端用户的实时数据共享，并在此基础上进行电能的相关控制和管理。

利用统一的通信协议，实现用户侧终端层、信息通信层、电网侧应用层之间的信息交流与共享，并为相关决策与服务提供快速通道。通信技术作为保证信息交互的快速、准确和安全的重要防线，根据不同的应用场景需要采用不同的通信方式。电网侧通过智能终端设备对采集的用户用电信息进行上传时，主要利用公网通信方式。用户终端与电网侧根据公网通信系统实现双方信息交互，并且在信息交互的过程中制定和统一通信协议，实现信息的安全保护。不同区域间进行电力系统通信，往往采用低压电力线载波通信技术，不仅充分利用了输电线路，并且大大降低了通信成本。

3. 电网侧应用层

电网侧应用层主要功能是对来自用户侧终端层和信息通信层的用电信息进行集中汇总、分析和处理，合理分配电能，并将决策反馈到用户侧，实现电能的智能调度和管理，保障电网安全、稳定、经济运行，提供优质的电力服务。该层主要包括配电自动化系统、用电信息采集系统、能效综合管理系统、电动汽车充电管理系统、并网接入管理系统、营销服务系统。

6.4 服务触点管理

6.4.1 应用背景

营销客服能力是企业运营管理水平的直接体现。受到电力垄断经营思想的影响，供电企业存在市场营销意识不强和营销执行能力差等问题。在当前电力市场环境下，提升营销客服能力是供电企业迫切需要解决的问题。大数据技术可从响应客户需求和挖掘客户潜力等不同维度来提升供电企业的营销能力。随着电力物联网的发展，企业业务将延伸到客户用能的全场景和全过程，与客户互动沟通的方式将更加多样。供电企业在电力营销服务的过程中，建立客户需求与业务发展联系的桥梁，与电力用户直接互动的接触点，包括视觉、听觉和心理等客户所能感受到的每一个点，对企业形象和市场竞争力将产生重要影响。

国家电网有限公司客户服务中心信息系统经历了基础建设、深化应用、全面提升三个建设阶段。目前，已形成了以95598业务支持系统、智能互动网站系统、运营管理系统、基础支撑平台、统一呼叫平台为核心的信息系统群。大数据技术对采集到的用电数据进行处理，将大量数据整理成数据库，方便企业分析客户数据，实现客户停电时间精准统计，为减少客户停电频次和时间提供帮助。此外，大数据技术也方便企业了解客户的潜在用电需求，为未来电力供应提前做好部署，扩大企业市场规模，在行业竞争中占得先机。同时，大数据技术在一定程度上促进了客户了解企业的供电情况，为营销双方的双向互动增加了可能性。大数据技术也为企业提供了大量数据，使企业明白自身在行业中的定位，进而可以量身打造属于自己的营销方式。通过主要目标群体的选取，打造相对应的营销方式，提升自身竞争力。大数据技术还可以使企业了解当前发展形势，制定企业发展战略，有利于企业开拓新市场、发展新业务、拓宽产品领域。

6.4.2 实现设计

电费管理在供电企业经营管理中处于重要地位，各级供电企业应不断改进管理方式，提高电费回收率。但以往的管理方式，或依据以往经验，或依据对客户信息的定性了解，缺少预见性和精准性，可推广性较差。随着供电企业发展规模的持续扩大，供电企业的电费管理工作日益复杂，电费风险防控尤其重要。电力信息系统的建设，积累了丰富的业务信息资源，为电费回收风险管理提供了数据基础。

电费回收是供电企业资金周转的重要环节，做好电费回收风险监测与控制意义重大。下面介绍某供电企业在服务触点电费回收风险管控中应用大数据技术的实践。该系统建立了客户-策略-渠道（Customer-Strategy-Channel，CSC）的精益运营管理模式，应用客户标签库和业务策略库，缩短了风险防控流程执行周期，提升了策略实施的有效性和精准性，相比于传统方式，具有规范性、客观性、可推广性。

6.4.2.1　电费缴纳风险评价

精益运营管理模式基于客户（Customer）、策略（Strategy）、渠道（Channel）三者之间的适配关系建立，通过标签库、挖掘模型等多种手段选取一定规模客户，采取灵活的选择与组合，多触点接触客户。

首先，建立各类客户主题标签库，该标签库由基础标签和高级标签构成。基础标签从客户基础标签体系中选取 126 个，从相关客户自身特征中选取个性特征、信用特征、用电特征、渠道特征 4 个子类，从交互特征中选取电费电价 1 个子类。高级标签分为三级结构，一级分为信息质量、交费行为、用电行为、信用评价、风险评估和关联行为 6 个大类，二级分类在此基础上分为 30 个子类，三级分类在二级分类基础上规划设计 177 个高级标签。表 6-2 给出了电力客户标签示例。

表 6-2　电力客户标签示例

基础标签		高级标签	
		一级	二级
相关客户自身特征	个性特征	信息质量	中高收入人群、公众人士、出租、特殊人群、VIP、手机 App 未绑定、短信未订阅等
	信用特征	交费行为	电量激增、无电量、窃电、潜在分时电价等
	用电特征	用电行为	潜在高风险、潜在中风险、潜在低风险、风险稳定、风险增大、风险突增等
	渠道特征	信用评价	4A 级信用、2A 级信用、A 级信用、B 级信用等

续表

基础标签		高级标签	
		一级	二级
交互特征	电费电价	风险评估	停产、半停产、抵押、用工数量减少等
		关联行为	习惯性逾期交费、营业厅偏好、充值卡偏好、现金缴费偏好、工作日偏好等

其次，依据图 6-3 建立高低压电力客户信用评价模型。通过分析客户的基础属性、履约情况、交费情况等信息，给出各类客户的电费缴纳信用评价，包括信用等级评估和信用趋势分析，构建客户信用主题标签。

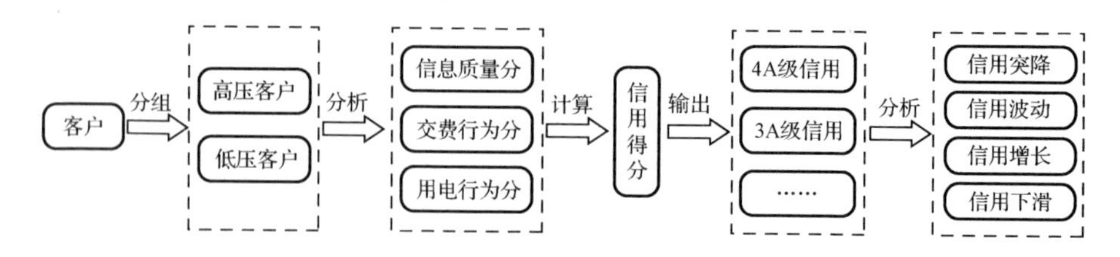

图 6-3　信用评价模型的建模思路

然后，在信用主题标签基础上，参照表 6-3 将用电客户进行电费风险分类，构建电费风险主题标签。其中，依据信用等级评价结果将客户分为事实风险和潜在风险；依据信用趋势变化结果分为风险突增、风险稳定、风险增大、风险下降和风险波动。

表 6-3　电费风险分类

客户风险等级						客户风险趋势				
事实风险			潜在风险			风险突增	风险稳定	风险增大	风险下降	风险波动
事实高风险	事实中风险	事实低风险	潜在高风险	潜在中风险	潜在低风险	风险评分在考察期内大幅增加	风险评分在考察期内无较大变化	风险评分在考察期内持续上升	风险评分在考察期内持续下降	风险评分在考察期内经常突变

接着，提炼客户画像内容，将客户细分过程和结果标签化。按社会属性、交费行为、用电行为、信用评价、风险评估和关联行为

等维度输出客户标签。表 6-4 列出了电费风险防控业务目标客户(群)筛选标签。以客户标签库为基础，配合客户基本属性，建立高综合性、高自由度的客户超细分集合，覆盖所有客户。

表 6-4　电费风险防控业务目标客户（群）筛选标签

目标客户	电费风险重点关注客户	高价值客户	潜在电能替换客户	电子渠道易接受客户
客户标签	潜在高风险 经常逾期缴费 无电费担保 ……	大客户 4A 信用 潜在低风险 银行信誉较好 ……	煤锅炉设备 G20 限产客户 ……	青年 充值卡偏好 微信已关注 ……
营销活动	优先实施电费风险预控	电费积分代偿服务	定向电能替代服务	电子渠道推广

最后，结合表 6-4，在客户标签库中选取“潜在高风险”“大客户”“经常逾期缴费”“无电费担保”等组合标签，结合地域、时段等客户基础信息，就可以锁定欠费高风险客户群。催费责任人利用客户“偏好”类标签，有针对性地对“App 偏好”“短信活跃”“电话互动偏好”等偏好群体，利用业务策略库匹配相应的催费策略。

以客户为触点服务核心，在接触客户的过程中，精心设计服务营销场景，精确地将客户易于接受的服务策略通过特定渠道推送至目标客户，并对目标客户进行持续跟踪与评估，实现标签与业务的深度融合，可为营销部门、运营中心、客服部门等提供营销分析与决策支撑，推动供电服务向精准营销转型。

6.4.2.2　电费回收风险预测

基于历史数据，对于用户欠费的相关影响因素进行统计分析，并对用户乃至整个行业未来的欠费风险进行预测评估，可以帮助供电企业电费回收管理人员掌握辖区内的电费回收动态，及时发现风险较高的用户，从而采取有效措施，提前做好防范。

用户欠费的相关信息主要包括行业形势、经济形势、日期、用户类别、金额与次数、缴费方式、违约金起算日以及回收，回收也包括预收费、银行折扣和短信催费。与之对应的风险为：现金、承兑汇票的资金安全性风险，违约金起算、收取、缴费期限设置不合理，短信发送不成功，用户手机号缺失，高压用户短信催收手机号不准确，用户行业类别填写不规范，欠费风险高的用户，欠费风险高的行业，银行批扣不及时问题，95598 工单无户号问题，充值卡推广造假问题。

针对这些问题，该供电企业对采集的数据进行分析，主要包括：外部影响因素、用户用电行为数据、用户缴费行为数据和客户服务数据。其中，外部影响因素包括行业欠费用户数和行业用电量季节性波动情况等；用户用电行为数据包括用电量和业扩记录等；用户缴费行为数据和客户服务数据包括缴费方式、结算方式、缴费时间和违约金汇缴等。

应用大数据技术可感知用户的行为数据。提取客户的档案信息、用电行为、缴费行为、增减容行为、违约窃电欠费行为、95598 客服及短信记录、行业特征、外部环境等多维度信息数据，通过定量计算各相关因素与欠费行为的关联度，提取关键影响因子，分析识别客户欠费行为与各类行为特征及外部因素的关联关系，并基于逻辑回归算法建立电费风险预测模型，通过监测电费回收风险，发现内部管控问题，以降低电费回收风险，提升精准服务水平，并推动服务模式转型。

该系统从用户用电行为、用户缴费行为、用户咨询投诉行为、客户重要性等方面分析客户用电行为偏好，评估用户欠费风险，发现电费回收风险的关键影响因素，针对不同风险客户，采取不同的服务策略。基于客户历史数据，将所有客户分级，辨识拖欠电费、延迟缴费的用户，并在电费收缴环节予以重点关注，降低用户不缴费或拖延缴费的风险。根据客户对于供电企业的价值贡献度大小和风险类型，提供差异化服务。开展客户发展潜力分析，帮助客户快速稳定成长，为供电企业增加营业收入。

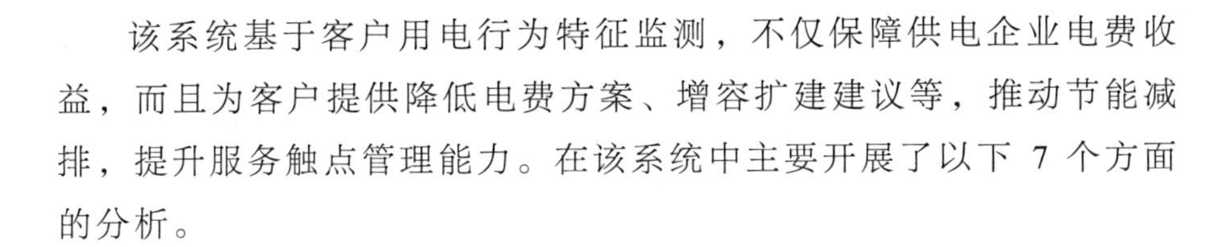

该系统基于客户用电行为特征监测，不仅保障供电企业电费收益，而且为客户提供降低电费方案、增容扩建建议等，推动节能减排，提升服务触点管理能力。在该系统中主要开展了以下 7 个方面的分析。

（1）各行业用电量变化情况监测。

在对经济社会发展与电力需求特点分析的基础上，开展经济社会发展与电力需求的关联研究，建立经济社会发展趋势与电力需求的关联模型，寻找影响全社会用电量比较大的行业，进行重点关注。同时把全社会用电量变化情况投射到大屏展示，展示区域性年度、月度用电变化趋势，展示终端能源结构、大客户等情况。

（2）各行业新装、销户以及增减容情况监测。

分析各行业用电户数和运行容量变化情况，根据用电量占比，选出各区支柱行业和主要售电增长行业，监测所选行业的新增用电户数和新增运行容量。对于容量突减或销户数量多的行业要重点关注，进行电费回收风险预警；通过对容量增加比较多的区域进行数据分析，为电网规划和业扩服务提供基础数据，同时对相关业绩指标进行预测。

按区域、行业、电压等级对新装、销户以及增减容情况近两年的数据进行分析，结合相应的能源政策、经济指标，查找异常问题，并就异常问题与业务部门沟通协调，进行业务核查。

（3）非居高压客户缴费逾期情况监测。

通过建立电费回收逾期风险评分对非居客户逾期缴费数据进行分析，对非居客户逾期缴费行为的缴费渠道、结算方式、逾期时间等进行共性分析。对高风险客户，设置差异化提醒和催费策略，如发送账单、电费分次划拨、预存电费、电费担保等方式。

（4）居民客户缴费渠道和结算方式变化情况监测。

通过分析居民客户各类缴费渠道和缴费笔数占比情况，评估不同客户对不同缴费渠道的偏好程度，分析居民客户缴费渠道与逾期缴费的关系。同时结合不同类型客户的缴费偏好，对各类缴费渠道未来前景进行判断，结合缴费成本，参考其他企业优化缴费渠道布局的实践，提出缴费渠道发展和优化的建议。

（5）专变客户专题监测。

从系统获取专变客户近两年的用电信息、违约信息、缴欠费信息等明细数据。对高耗能、重污染等特殊行业每个客户进行用电分析，将当期电量与历史同期电量、上期电量进行比较，若电量存在明显减少趋势，则进行电费回收风险预警；对以往违章用电情况突出的行业，筛选疑似违章用电客户，进行核查；分别对无功补偿情况、峰谷用电比例是否合理情况等进行评价，提出优化用电方案。

（6）商业及居民用电行为异常监测。

分析商业及居民客户用电行为异常情况，发现客户违约用电、窃电，或工作质量、计量故障等引起用电异常的问题，及时为供电部门挽回经济损失，主要包括低压商业客户零电量监测、居民峰谷用电比例异常监测。通过对营销业务系统、用电信息采集系统后台数据库的挖掘，发现客户用电行为异常问题，并通过现场核查等方式分析原因。

（7）户呼入电话专题监测。

通过分析区域电话工单中因停电咨询或投诉的工单数量，统计各个区域停电咨询或投诉的工单数量占比，找到客户投诉的重点和规律，对停电敏感度高的区域提出针对性服务策略，例如发放台区经理卡等，从而有效减少客户投诉数量。

客服中心是与客户接触的主要窗口，积累了海量非结构化音频数据，这些音频数据包含了大量的产品服务信息、客户行为信息。语音识别技术、情感识别技术等为数据的分析处理提供了技术保障，关联性分析及聚类分析等为大数据技术处理非结构化数据提供了可能。

采用语音识别技术进行高频词提取分析，进行客服知识库构建及自助语音推送业务。采用语音识别与聚类分析技术，对受理满意度、回访满意度、业扩回访满意度等进行分析，寻找影响服务满意度的因素，支撑公司市场营销体系建设。利用情感识别技术，智能感知客户、座席两方面的情绪波动，及时发现座席人员、客户端情绪信息，如冷漠、不耐烦等，在需要干预时进行预警，防范服务风险发生，提高服务水平。通过对全部服务录音文件中的高频词、敏感词、客户涉及服务评价的词语进行智能分析与自动化检测，统计服务异常情况，然后由质检人员进行确认，提高工作效率，创新内部管理体系，提升客服中心管理效率。

采用大数据技术对海量、多源、异构数据进行有效处理，分析客户能耗，为优化用电行为提供数据基础，分布式计算、关联分析、聚类分析等数据挖掘技术为处理海量异构数据提供了可靠的技术保证。

在大数据时代，数据规模以及数据处理能力关系到企业的行业竞争力。当前可再生能源迅猛发展、能源互联网的建立，给供电企业带来了挑战，同时也带来了挖掘客户潜力的机遇。杂乱无章的数据是没有价值的，优质的数据是大数据应用的基础。数据质量的高低关系到大数据分析的准确性，提升数据质量的方法主要是将数据进行规范化，对数据采集、处理以及存储等全过程进行规范，使数据库中的数据具有统一的标准，此外，提升数据的实时性也是提升数据质量的重要方法。供电企业应加强各系统之间数据的整合和共享，海量数据的高效分布式存取和并行计算，深度挖掘数据价值，建立新型的营销管理体系，深度改善企业客户关系管理能力和后台服务链的支持能力，实现客户服务规范化、便捷化、个性化，提升客服能力。

本章参考资料

[1] 龚成亚，陈挺，吴欣，等．“互联网+电力营销”业务运作模式探索[J]．电力需求侧管理，2016,18(S1):16-17.

[2] 王继业，季知祥，史梦洁，等．智能配用电大数据需求分析与应用研究[J]．中国电机工程学报，2015,35(8):1829-1836.

[3] 史婵．供电营业厅精益化管理体系建设研究[D]．保定：华北电力大学，2015.

[4] 国网天津市电力公司，国家电网公司．一种面向电力大数据可视化的数据挖掘方法：CN201510863738.5[P]. 2016-04-13.

[5] 康超，尚海燕，姚继明．智能用电小区分层双向互动体系架构研究[J]．中国电力教育，2012(24):132-135.

[6] 侯素颖，徐帅．业扩服务模式的创新与实践[J]．电力需求侧管理，2017,19(3):59-60,64.

[7] 赵永良，秦萱，吴尚远，等．基于数据挖掘的高压用户电费回收风险预测[J]．电力信息与通信技术，2015,13(9):57-61.

[8] 彭涛，叶利．电网公司客户服务中心大数据应用研究[J]．电力信息与通信技术，2015, 13(3): 22-26.

[9] 姚继明，黄莉．认知无线电技术在电力通信中的应用浅析[C]. 2012 年江苏省电机工程学会电力通信专委会学术年会论文集. 2012:1-5.

[10] 沈昌国，李斌，高宇亮，等．智能电网下的用电服务新技术[J]．电气技术，2010(8):11-15.

[11] 周玲，李飞，黄渊军，等．运用电力大数据分析全面提升客户服务质量[J]．机电信息，2018(33):166-167.

[12] 宋璟，任望，王煜，等．浅析电力行业大数据应用及安全风险[J]．中国信息安全，2017(9):94-96.

[13] 裘华东，涂莹，林士勇. 运用“互联网+”构建 O2O 营销服务模式[J]. 电力需求侧管理，2017,19(2):54-56.

[14] 杨玲. 浅谈大数据在电力营销中的应用[J]. 山东工业技术，2016(18):131.

[15] 何志祥. 诸暨市供电公司互联网+业扩服务探索与实践[D]. 北京：华北电力大学（北京），2017.

[16] 张涌. 浅析供电企业电力营销的现状和对策[J]. 行政事业资产与财务，2016(19):37-38.

[17] 申庆斌，武志宏，张媛，等. 基于电力大数据的用户能效服务研究[J]. 电力需求侧管理，2017,19(4):29-31.

[18] 彭涛，叶利. 电网公司客户服务中心大数据应用研究[J]. 电力信息与通信技术，2015,13(3):22-26.

[19] 林梅妹. 挖掘大数据背后的差异化服务机会[J]. 国家电网，2014(5):56-57.

[20] 宁波三星智能电气有限公司. 用于智能仪表电池功耗采样的硬件电路：CN201520095584.5[P]. 2015-08-26.

[21] 国家电网公司，国网冀北电力有限公司电力科学研究院，华北电力科学研究院有限责任公司. 一种电力业扩工程数据处理装置及方法：CN201510818446.X[P]. 2016-04-13.

[22] 隋华，陈仲波，闵丽. 智能电能表常见故障及解决措施分析[J]. 电子世界，2013(22):55.

[23] 北京房江湖科技有限公司. 房源讲解方法和装置、计算机可读存储介质、电子设备：CN202110632765.7[P]. 2021-09-10.

[24] 余春收. 基于大数据的电信客户信用评价[J]. 科技创新导报，2019,16(25):234-235.

[25] 王亮. 大数据背景下电力企业营销管理创新研究[D]. 保定：华北电力大学，2015.

[26] 郭强. 基于云计算的电力系统数据挖掘的研究[D]. 唐山：华北理工大学，2016.

[27] 龚书能，周杰. 线上全天候受理线下一站式办电——国网浙江

省电力有限公司嘉兴供电公司业扩报装创新与实践[J]. 农电管理，2019(4):18-20.

[28] 李得利. 智能配电网通信系统探讨与性能分析[D]. 重庆：重庆大学，2012.

[29] 钱程，曹铭，李婧，等. 浅谈供电所营销管理问题与对策[J]. 百科论坛电子杂志，2019(1):494.

[30] 佰聆数据股份有限公司. 基于LR-Bagging算法的电费回收风险预测方法、系统、存储介质及计算机设备：CN201911232092.5[P]. 2020-05-19.

[31] 王经. 能源供给侧结构性改革与能源互联网[J]. 上海节能，2016(12):641-646.

[32] 王云嘉. 公交充电站有序充电策略研究及仿真平台设计[D]. 北京：北京交通大学，2022.

[33] 王海娥. 试论供电企业电费回收风险及法律防范措施[J]. 北京电力高等专科学校学报（社会科学版），2012,29(3):523,525.

[34] 杨汝湘. 反通胀条件下企业欠款清理对策分析[J]. 现代商业，2011(23):97,98.

[35] 刘磊，陆钦，李彤彤. “四驱联动”构筑电费回收风险防范体系[J]. 经济研究导刊，2016(32):141-142.

[36] 涂莹，林士勇，刘琳. “互联网+营销服务”创新模式探索与实践[J]. 电力需求侧管理，2016,18(S1):7-10.

[37] 马昊燕. W供电企业电力服务营销策略优化研究[D]. 银川：宁夏大学，2020.

[38] 解勤晰. 探析建筑电气设计存在的问题及对策[J]. 消费电子，2022(8):59-61.

[39] 许伟. 伊犁地区智能用电信息采集系统的设计与实现[D]. 西安：西安科技大学，2018.

[40] 郭瑞祥，汪少成，汤晓君，等. 基于可信身份认证的用电客户实名认证应用研究[J]. 中国科技纵横，2018(24):36-38.

第7章 电力大数据在辅助决策领域的应用

电力数据与外部数据深度融合，包括气象数据、经济发展数据等，从微观层面可以辅助企业正确决策，从宏观层面可以支撑行业或政府制定科学政策。大云物移智等先进技术与电力行业高度融合，不仅是供电企业业务创新的需求，也是供电企业的社会责任。

7.1 营配调贯通一体化应用

7.1.1 应用背景

随着新型电力系统的发展以及能源互联网的建设，供电企业与用户之间需要更深入、更频繁的双向互动感知，这就要求供电企业在电网生产、经营管理和优质服务方面实现跨业务融合。信息技术带给电力行业翻天覆地的变化，供电企业走在行业技术融合应用的前列，营销、调度、生产信息化等系统产生了海量数据。利用这些数据实现跨业务、多类型、实时快速的数据关联分析和趋势研判，是供电企业经营管理面临的挑战，也是供电企业发展创新的机遇。

电力大数据技术贯通供电企业生产、运行与营销体系，可降低信息化建设的总成本，满足信息系统数据共享融合需求，提高各类资源的整体使用效率，助力提高供电企业运营智能化。挖掘海量数据的深度关联关系，将提供用能相关指标的全面动态展示，体现电力数据更大的社会价值，不仅可满足企业与客户之间更深入的双向互动感知的需求，而且可为上下游关联企业和行业的经营规划管理提供科学的决策依据，促进社会经济可持续发展。

7.1.2 实现设计

下面介绍某供电企业的智能配电业务一体化运营管理系统。

该系统以 GIS 平台为基础，贯通调度自动化系统、配电网自动化系统、电力生产管理系统、地理信息系统、用电采集系统、营销信息系统等设备数据和运行数据，从数据采集、数据存储、数据模型、数据处理、数据应用、数据权限等各方面来开展统一数据库的整体规划设计，具备设备状态全感知、电网运行全自动、业务管理一体化、配电网综合管控等功能模块。

7.1.2.1 统一数据库设计

统一数据库整体设计严格遵循先逻辑模型设计，再物理模型设计的方式。逻辑模型通过分析业务需求所需数据的内容、颗粒、频度、口径及来源等要素，形成综合性的数据集合，响应业务端的需求。物理模型基于四层数据架构和命名规范、分区规范、生命周期、业务描述、字段设计、字段类型等要求及规范进行设计，并遵照逻辑模型进行落地实现，实现对统一数据库中的几十套业务系统上万个数据模型的有效管理。

基于统一云平台，将业务系统数据复制到大数据离线数据库（ODPS）进行统一处理。同时基于 SG-CIM 模型，设计统一数据库的缓冲区（BUF）、明细层（ODS）、数仓层（DW）和集市层（DM）四层数据架构，并对各层次的数据抽取、转换和处理工作流提出了明确的标准规范和工作要求，从数据采集、数据存储、数据模型、数据处理、数据应用、数据权限等各方面形成分析域，完成统一数据库整体设计方案，如图 7-1 所示。

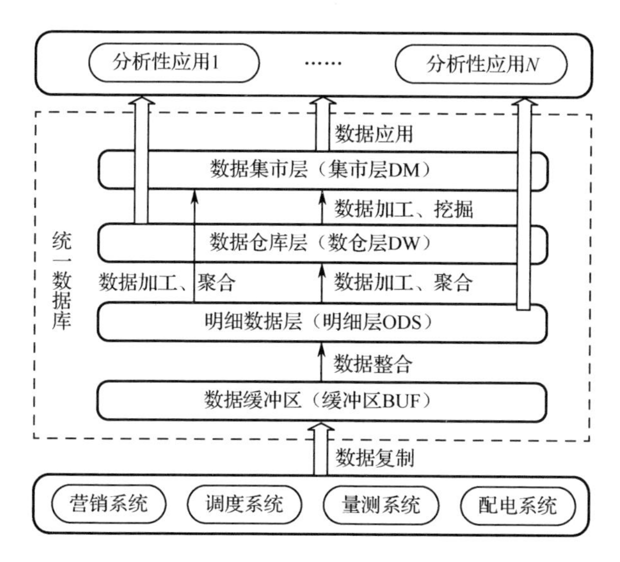

图 7-1　统一数据库整体设计方案

依据该方案，数据库从营销系统、调度系统和配电系统中抽取数据，采用数据复制技术发送给数据缓冲区，在进行数据整合之后输入明细数据层，再通过加工与聚合，依次向数据仓库层、数据集市层传输，最终实现各类分析性应用。建设统一数据库，形成企业海量数据汇集，实现了全体数据共享。

7.1.2.2　营配调数据贯通

根据上述整体设计方案，以主网、配网、用户间信息纵向贯通为主线，实施营配调数据同源管理，确保营配调同源数据唯一性、规范性、准确性和及时性，并实现营配调增量数据的流程化更新。

多系统数据接入框架如图 7-2 所示。

该系统研发了从源系统到大数据平台的数据复制技术，促进了各业务系统不同数据类型的有序接入。根据业务数据的技术类型、数据量大小、数据产生或复制频度等，采用适合的技术或技术组合来实现业务源系统到统一数据库的数据复制。其中，结构化数据，采用 CDP 或 CDP+OGG 方式；有实时展现要求的结构化数据，采用 OGG+OSPS（流计算服务）方式；量测类数据，采用 E 文件+OSPS、OGG+API 方式；非结构化数据，采用 WebService+Java SDK 方式。

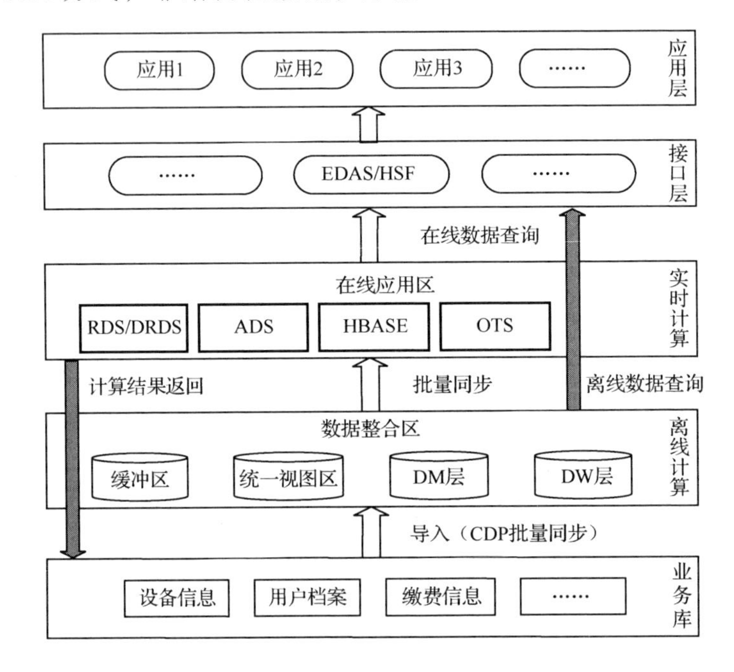

图 7-2　多系统数据接入框架

7.1.2.3　全业务在线运营数据分析可视化应用

该系统将数据本身、数据间关系、数据与时空的关系等复杂信息及其分析成果直观明了地呈现在用户面前。数据挖掘的分析主题按配电网的网架结构、设备规模、用户信息、供电能力、供电范围等划分，对单元内的资源、设备、运行、投资和营销等情况进行直观展示和关联分析，提高了企业规划设计、电网运行、经营管理和客户服务等各领域的业务能力。

图 7-3 为部分系统数据的统计分析界面。

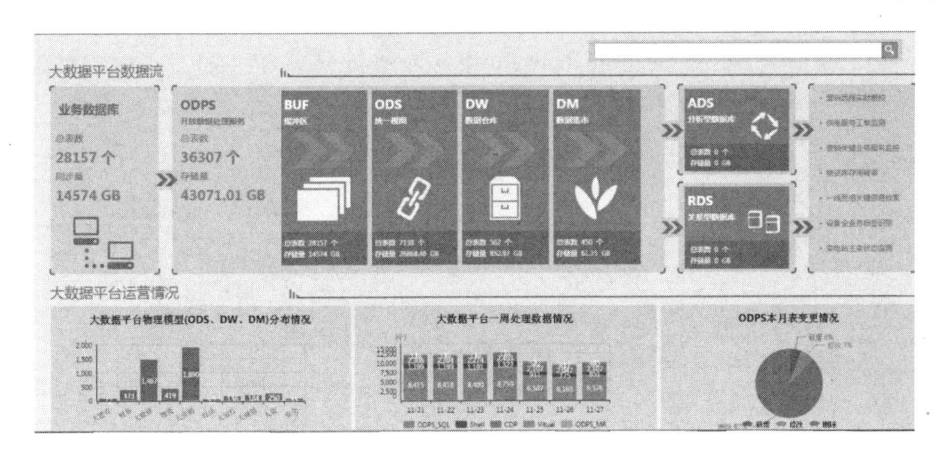

图 7-3　部分系统数据的统计分析界面

该系统通过大数据共享挖掘潜在规律、精准预测捕捉问题，实现企业运营动态在线展现，可满足供电公司各层级的业务运营需求。自试运行以来，通过对超容用电、暂估款异常、购电支付异常等 28 项问题的管控，维护了企业正常经营秩序，杜绝了企业的风险隐患；彻底改变了人工取数、清洗、分析等一系列落后繁重的工作方式，工作效率提升 85%，切实推进被动管理向主动管理的转变；正向持续释放数据价值，反向促进数据质量提升和数据资产维护，发现和整改了 95 万条记录；通过对海量数据的全面感知，让企业变得更智慧。

7.2　用电量预测与负荷特性分析

7.2.1　应用背景

用电量预测是电力规划的基础，也是实现电力系统安全和经济运行的前提。传统的用电量预测和负荷特性分析，受制于数据采集渠道以及数据集成处理能力，预测结果的精细度较低，预测的时效性不高，分析结果的挖掘价值有限。电网信息化快速发展以及电力需求影响因素增多，使得用电负荷的大数据特征日益凸显，传统的负荷预测和分析方法已经不再适用。大数据技术提供了海量数据的集成、存储和处理能力，为开展准确的时效性高的预测分析提供了数据资源和建模分析基础。

采用大数据技术提高负荷预测的准确性和时效性，有利于增强企业的市场竞争力。对供电企业来说，增强调度和运检部门的管理能力，可为电网安全可靠运行提供保障。对用电企业来说，可以提高资金预算水平，反向推演发现经营管理过程中的问题，促进节能减排能力，提高企业经济效益。对能源行业来说，年度最大负荷预测有着重大意义，可为合理安排电网增容和改建进度提供宏观决策依据，使电力建设满足国民经济增长和人民生活水平提高的需要。对政府部门来说，可有效帮助决策人员从宏观层面掌握辖区的产业分布和发展状况，提前洞察经济发展趋势和行业动向，从而为政府的产业调整、经济调控提供宏观层面的科学决策支撑。

7.2.2 实现设计

全社会用电量和大用户用电特性等指标对企业经营管理宏观决策非常重要。

7.2.2.1 全社会用电量预测

用电负荷预测模型采用四分量模型，用公式表示如下：

$$L(t)=B(t)+W(t)+S(t)+V(t) \tag{7-1}$$

式中，$L(t)$为t时刻系统的总负荷；$B(t)$为t时刻系统正常运行下的基本负荷分量；$W(t)$为t时刻受敏感因素影响的负荷分量；$S(t)$为t时刻受特殊事件影响下的负荷分量；$V(t)$为t时刻受其他随机因素影响的负荷分量。

不同预测周期建模的侧重点不同。其中，超短期负荷预测指未来1小时内的负荷预测，模型中$B(t)$可设为一个常数且占比较大，其他分量必须能反映短时间内负荷随时间变化的规律；短期预测指未来一天或者一周的负荷预测，模型中 $S(t)$ 和 $W(t)$ 的占比较大；中期负荷预测指 1 月至 1 年的负荷预测，长期负荷预测指 1 年至数年的负荷预测，中长期负荷预测模型中 $W(t)$ 建模对预测精度的影响较大。

负荷预测已有很多研究成果，如线性回归法、时间序列法、人工神经网络法、灰色系统和专家系统方法等。充分利用大数据的数据处理和计算技术，可通过融合多源多维数据，构建深度学习模型来提升负荷预测的精度。进行全社会用电量预测，需要采集电力系统的内外部数据。内部数据主要包括电量数据、装接容量及户数等，其中，电量数据和装接容量及户数主要取自营销专业电费系统。外部数据主要包括气象数据、宏观经济数据等，其中，气象数据主要取自气象信息系统，包括平均温度、光照强度等；宏观经济数据，如 GDP、行业产值等，主要通过当地政府官网或借助数据报送机制向相关部门获取。另外，还需要考虑更多的影响因素，如社会经济发展趋势变化的影响，人们生产生活习惯的影响，这些因素又是相互影响、紧密耦合的。为准确预测社会用电量，大数据技术提供了海量数据挖掘方法和人工智能算法。利用卷积神经网络（CNN）、循环神经网络（RNN）和生成对抗网络（GAN）等深度学习算法，构建多层次的神经网络，从海量数据样本中学习数据的特征表示，更好地挖掘数据中的潜在模式和规律。利用深度学习算法构建行业、地区的用电量预测模型，具有较高的精准度。

在电力市场环境下，97%的电量为中长期合约电量，通过历史用电数据可分析月电量变化规律，采用 X12 季节调整法等方法可对电量数据的变化趋势进行分解。X12 季节调整法能有效分解时间序列数据中的趋势分量序列、季节周期分量序列和随机分量序列。X12 分解模型有两种：加法模型和乘法模型。加法模型是适用于季节周期比较平稳的模型，乘法模型适用于季节周期有明显变化的时间序列。对于受到四季、工作日和节假日等因素影响的某些行业，可用乘法模型，即

$$Q_{day} = Q_T \times Q_C \times Q_I \tag{7-2}$$

其中，Q_{day}为历史日电量数据，Q_T为趋势分量序列数据，Q_C为季节周期分量序列数据，Q_I为随机分量序列数据。基于预测模型，可得到全社会及高耗能行业年度及月度用电量，明确用电高峰月份和用电低谷月份，为政府有关部门提供精准的社会用电量总体分析结果。

7.2.2.2 大客户用电特性分析

电力大客户的用电行为对电网的安全经济性影响很大。大数据技术为开展用电特性深度挖掘提供了数据资源和分析工具。

聚类分析客户历史用电数据是客户用电特性分析的常用思路。K-means 聚类算法简单，计算效率高，采用“基于划分”的 K-means 聚类算法的关键在于确定最佳聚类簇数目。

从数据样本属性和分布情况出发，寻找能够适应该类样本的最佳聚类簇数，使得簇内样本具备尽可能大的相似性以及簇间样本具备尽可能大的差异性。

定义样本 S_a 与其所在簇内其他样本的平均欧氏距离如下：

$$a(S_a) = \frac{1}{N_i - 1}\sum_{j=1}^{N_i}\left\|S_a - S_j\right\|_2 \quad S_j \in \Phi_i \tag{7-3}$$

式中，Φ_i为簇 i 的样本空间，N_i为簇 i 内样本个数，S_j 为簇 i 内任意样本。$a(S_a)$数值越小，表示该样本与簇心之间的相似性越高。

定义样本 S_a 距离最近的簇 j 内样本的平均欧氏距离如下：

$$b(S_a) = \frac{1}{N_j - 1}\sum_{t=1}^{N_j}\left\|S_a - S_t\right\|_2 \\ S_a \in \Phi_i, S_t \in \Phi_j \tag{7-4}$$

式中，Φ_j 表示与样本 S_a 距离最近的簇空间，S_t 为簇 j 内任意样本，N_j 为簇 j 内样本个数。$b(S_a)$数值越大，表示该样本聚类的差异性越大。

为评定整体数据的聚类可信度，以样本聚类的相似度和差异度为基础，定义平均轮廓系数（Average Silhouette Coefficient，ASC）如下：

$$\mathrm{ASC}=\frac{1}{N}\sum_{a=1}^{N}\frac{b(S_a)-a(S_a)}{\max[b(S_a),a(S_a)]} \tag{7-5}$$

式中，N表示整体样本数据个数。ASC数值越大，表示聚类效果越好。

为了准确衡量聚类效果，引入误差平方和（Sum of Squared Error，SSE）指标，如式（7-6）所示。

$$\mathrm{SSE}=\sum_{i=1}^{k}\sum_{j=1}^{N_i}\left\|S_{ij}-S_{i0}\right\|_2^2 \tag{7-6}$$

式中，k为聚类簇数，N_i为簇i内样本个数，S_{ij}为簇i内第j个样本，S_{i0}为簇i内样本的均值。SSE越小，表示每簇样本越接近其质心，聚类效果越好。

综合考虑SSE和ASC两个指标，当SSE取值较小且ASC取值较大时，对应的聚类簇数即为最佳聚类簇数，记为k_m。

调研采集了某一线城市的某公交快速充电站客户的用电信息。该充电站用电量主要包括公交车的充电量和厂用电量。厂用电量占比小，主要包括中央控制室、照明系统及内部相关设施用电量。公交车的充电为主要用电环节，系统的用电量主要取决于公交车充电负荷。该站共运营了9条公交线路，其中两条为专车线路。统计该站2020年全年公交车充电量，其波动趋势如图7-4所示。

图7-4的统计结果直观告诉我们，公交车在夏季和冬季的充电用电量显著高于其他季节，其中以冬季的用电量最为突出。基于大数据平台，耗电量的季节差异特征，结合环境温度、人口分布以及市政政策等外部信息，可挖掘公交车制冷制热能耗特征、区域社会经济动态规律以及特殊事件等对城市发展带来的影响。

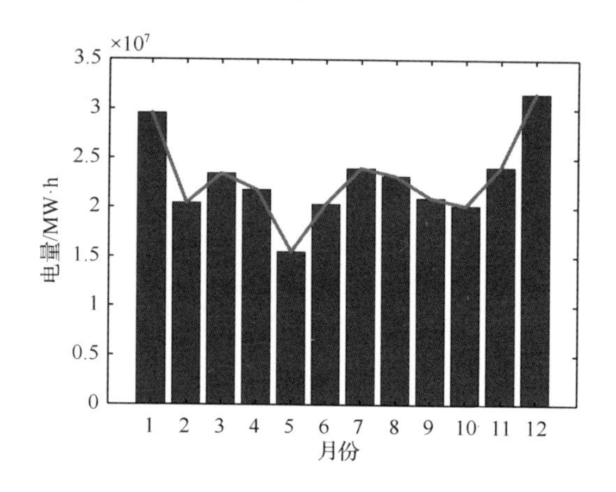

图 7-4　公交车充电电量统计结果

图 7-5 和图 7-6 展示了该充电站春夏秋冬四季中工作日和节假日的典型负荷特性。

图 7-5、7-6 用曲线直观展示了该站在工作日、节假日以及春夏秋冬四季等不同场景下，呈现的不同用电负荷特性。利用大数据平台，综合考虑发车信息、公交车型特征等，可挖掘分析得到公交运营区域的交通状况，优化公交运营班次和充电策略，提高充电站运营的经济性，还可为配电网接入点的配电容量规划提供依据。此外，还有助于指导供电企业制定个性化售电策略，推动供电企业服务转型升级，为客户提供针对性的优化购电策略。

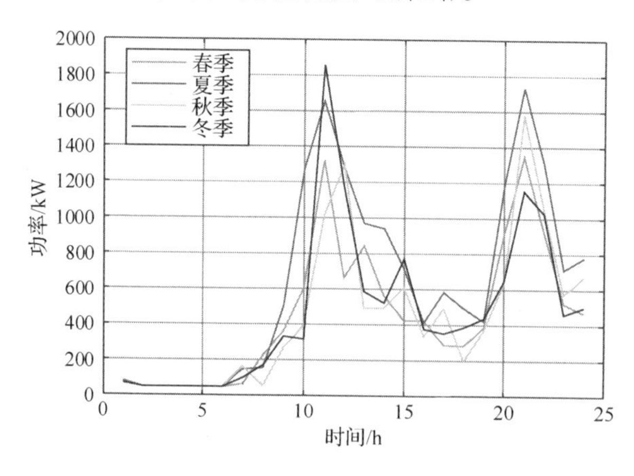

图 7-5　工作日典型充电负荷曲线

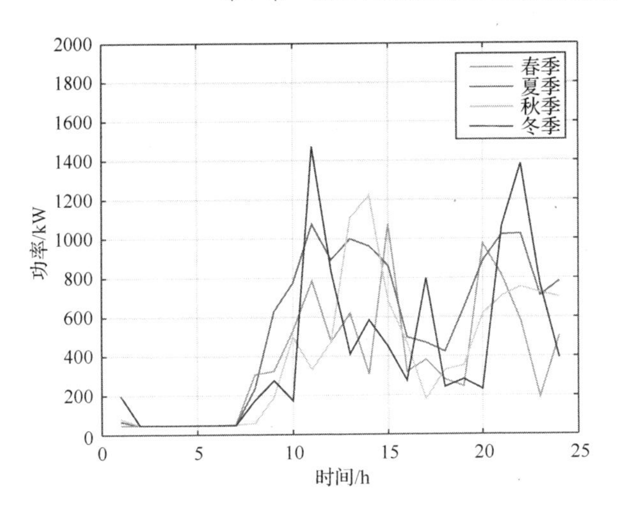

图 7-6　假日典型充电负荷曲线

7.3　配电网故障恢复策略设计

7.3.1　应用背景

近年来，全球范围内自然灾害日益频繁，已经有极端天气引发的多起大停电事故，带来了巨大的经济损失。增强电力系统应对自然灾害的能力，已成为当前业界的研究热点。

2019 年年底，国家应急管理部及国家能源局发布了关于进一步加强大面积停电事件应急能力建设的通知，要求各电力企业建立大面积停电应急预案，推进灾变模式下的调度支持决策系统，完善应急指挥平台的智能辅助决策能力。其策略设计要涵盖自然灾害的三个时间层面，灾前需要事先落实电网中的移动应急资源，灾中需要快速给出极端停电事故的应急预案，灾后需要设计合理高效的故障恢复策略。

随着风光等分布式可再生能源在电网中渗透率的不断提升，利用可再生能源设计极端故障下主动配电网故障恢复策略是提升电网韧性的有效手段，可快速完成负荷恢复，降低极端停电事故带来的危害，增加保电量，维护用电安全，提高应对极端天气或自然灾害的能力，以及电力系统的防灾减灾能力。

7.3.2 实现设计

分布式电源的接入改善了配电网的电源结构，然而风光可再生能源的出力具有强随机性与波动性，增加了配电网负荷恢复的不确定性。在极端天气下由于天气的快速变化导致可再生能源出力预测存在较大偏差，基于预测值设计的负荷恢复策略具有较大的失电风险，有些研究虽然考虑了可再生能源出力的不确定性，并基于多场景进行随机优化，但是求解场景数目大，使得计算量大，影响了在线决策的时效性。

负荷恢复策略一般是在故障定位和故障隔离的基础上，通过构建优化模型，采用优化算法进行求解。下面介绍一种利用分布式电源及储能装置的灵活供电能力来保证重要负荷供电为目标的配电负荷恢复策略设计方法，该方法基于对极端故障区域配电网的运行特性分析，考虑可再生能源出力预测误差的不确定性，实时更新其概率分布参数，建立配电网负荷恢复优化模型，设计负荷恢复多阶段滚动优化策略，为极端故障下重要负荷供电保障提供决策依据。

7.3.2.1 极端故障区域配电网的运行特性分析

1. 极端故障区域可调度资源分析

极端天气条件往往会引发多重组件受损，使得区域配电网与上级电网可能长达数小时甚至几天断开。储能装置低储高发，充放电快，配置灵活，使可再生能源发电利用率最大化，对提升孤岛运行条件下的能量可控可调性具有重要作用。在这种极端故障场景下，区域配电网运行状态变化过程如图 7-7 所示。设区域配电网正常运行，负荷总功率为 P_0，t_1时刻有极端故障发生，配电网与大电网断开，形成孤岛。由于外电源断开，t_1～t_2时段由孤岛内可再生能源与储能供电，系统降额运行，负荷功率由 P_0 逐渐降至 P_1 达到稳定。t_3 时刻孤岛内可控分布式电源（Distributed Generations，DG）启动，例如微型燃气轮机、柴油机等。t_3～t_4 时段配电网中分布式电源与重要负荷就近紧急响应，时长 T 内逐步恢复供电，负荷功率由 P_1 逐渐增加至 P_2。t_4 时刻大电网部分基础设施得到修复，可以给配电网供给部分电能，t_4～t_5 时段更多负荷恢复供电，直至正常状态。下面研究 t_3～t_4 时段的负荷恢复策略。

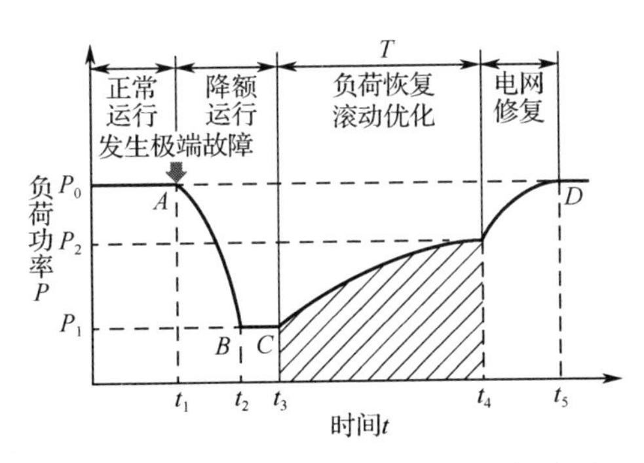

图 7-7　极端故障区域配电网运行状态变化示意图

在 t_3～t_4 时段，可调度资源有可控 DG、储能以及可再生能源。

（1）可控 DG

可控 DG 功率受到容量上限约束，且受到燃料限制。特别是极端天气下运输条件限制了燃料的补充。下面将在可控 DG 燃料一定的前提下开展其出力优化调控。

可控 DG 功率上下限约束如式（7-7）所示。

$$P_g^{\min} \leqslant P_{t,g} \leqslant P_g^{\max} \tag{7-7}$$

式中，$P_{t,g}$ 为可控 DG 电源 g 在 t 时段功率，$P_g^{\max}$、$P_g^{\min}$ 分别为可控分布式电源 g 的功率上下限。

可控 DG 在 t_k+1 时段功率总能量小于其在当前时段 t_k 的剩余燃料能量，即

$$\sum_{t=t_k+1}^{T} P_{t,g}\tau_t \leqslant E_g(t_k) \tag{7-8}$$

式中，$E_g(t_k)$代表时段t_k可控 DG 的剩余总能量。τ_t代表滚动优化单位时间间隔。

（2）储能装置

储能装置的充放电状态满足式（7-9）的约束。

$$\chi_{t,e}+\gamma_{t,e}\leqslant 1 \tag{7-9}$$

式中，$\chi_{t,e}$和$\gamma_{t,e}$分别为t时段储能充放电模式。$\chi_{t,e}$为 1 代表储能e在t时段放电，否则$\chi_{t,e}$为 0；$\gamma_{t,e}$为 1 代表储能e在t时段充电，否则$\gamma_{t,e}$为 0。

储能充放电功率约束由式（7-10）给出。

$$\begin{cases}0\leqslant P_{t,e}^{\mathrm{dch}}\leqslant \chi_{t,e}P_{t,e}^{\mathrm{dch,max}}\\ -\gamma_{t,e}P_{t,e}^{\mathrm{ch,max}}\leqslant P_{t,e}^{\mathrm{ch}}\leqslant 0\end{cases} \tag{7-10}$$

式中，$P_{t,e}^{\mathrm{dch,max}}$为储能$e$在$t$时段的最大放电功率，$P_{t,e}^{\mathrm{ch,max}}$为储能$e$在$t$时段的最大充电功率。

为了保证储能电池的运行寿命，储能e的电池 SOC 约束设定如式（7-11）所示，其中t时刻电池的 SOC 可由式（7-12）计算得到。

$$\mathrm{SOC}_e^{\min}\leqslant \mathrm{SOC}_{t,e}\leqslant \mathrm{SOC}_e^{\max} \tag{7-11}$$

$$\mathrm{SOC}_{t,e}=\mathrm{SOC}_{t-1,e}-\tau(P_{t-1,e}^{\mathrm{dch}}\eta_d^{-1}+P_{t-1,e}^{\mathrm{ch}}\eta_c)/\mathrm{EC}_e \tag{7-12}$$

式中，$\mathrm{SOC}_e^{\max}$与$\mathrm{SOC}_e^{\min}$分别为储能e的电池 SOC 上下限值；η_c与η_d分别为充电、放电效率；EC_e为额定容量。$P_{t-1,e}^{\mathrm{dch}}$为储能e在$t-1$时段的放电功率，$P_{t-1,e}^{\mathrm{ch}}$为储能e在$t-1$时段的充电功率。

（3）可再生能源

可再生能源发电是孤岛保障重要负荷供电的主力军，但是其出力受自然环境因素影响，具有较强的随机性和波动性。图 7-8 展示了某风电机组的实时出力情况。

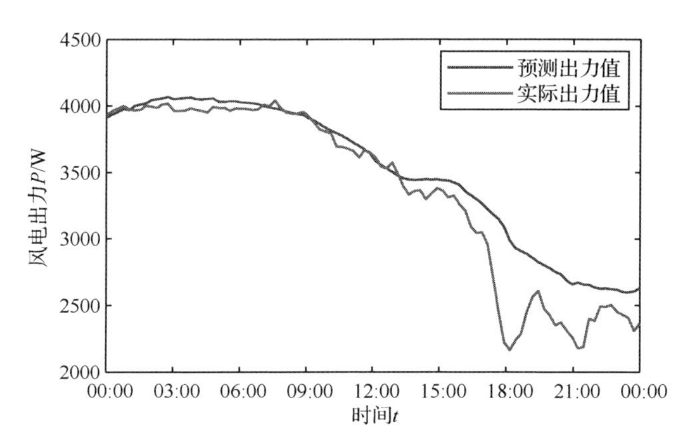

图 7-8　风电出力特性

显然，风电出力特性无法用正态分布、β 分布等标准分布来准确描述。此外，可再生能源出力预测存在误差，如果依据可再生能源出力预测值进行有限资源调配，必将增大重要负荷的失电风险。因此，为保证所设计故障恢复策略的有效性，降低重要负荷的失电风险，需要准确描述并处理极端天气情况下可再生能源出力的不确定性问题。

2. 动态负荷恢复策略

滚动计划是一种动态编制计划的方法，参考“近细远粗”的原则来制定未来一段时期内的计划，而后按照计划的执行情况与相关环境变化情况来动态校正未来的计划。相比于静态计划，滚动计划更加看重计划实施过程中实时信息的作用，提高了计划的合理性。

考虑到可再生能源出力变化特性，设计如图 7-9 所示的多时段负荷恢复滚动计划。极端故障导致区域配电网与上级电网断开。假设图中总时长 10 小时（图 5-9 中以“h”表示“小时”），系统允许每间隔 1 小时调控负荷状态。已知可再生能源的历史出力数据与历史出力预测数据，据此求解出可再生能源出力概率初始分布。根据该出力分布，可求解 t_3 时刻后第 1 小时的负荷恢复策略。监测系统实时

采集可再生能源出力，可以得到 t_3 后 1 小时的可再生能源实时出力数据。利用新数据更新初始出力概率分布，优化求解未来 9 小时的新负荷恢复策略并执行。以此类推，每小时更新一次负荷恢复策略，可以得到 10 小时的多时段恢复计划。从图 7-9 中可以看出，在得到可再生能源出力初始概率分布后，可再生能源出力概率分布一共更新了 9 次，同理，优化的负荷恢复策略也更新了 9 次，各次的优化时段分别为 9 小时、8 小时、7 小时依次递减，但是每次更新的恢复策略仅在未来的 1 小时内执行，随后实时滚动更新。相比于传统的故障恢复方法，该方案依据实时信息不断修正可再生能源出力概率分布模型，动态校正负荷恢复策略，最大程度保证重要负荷的供电。

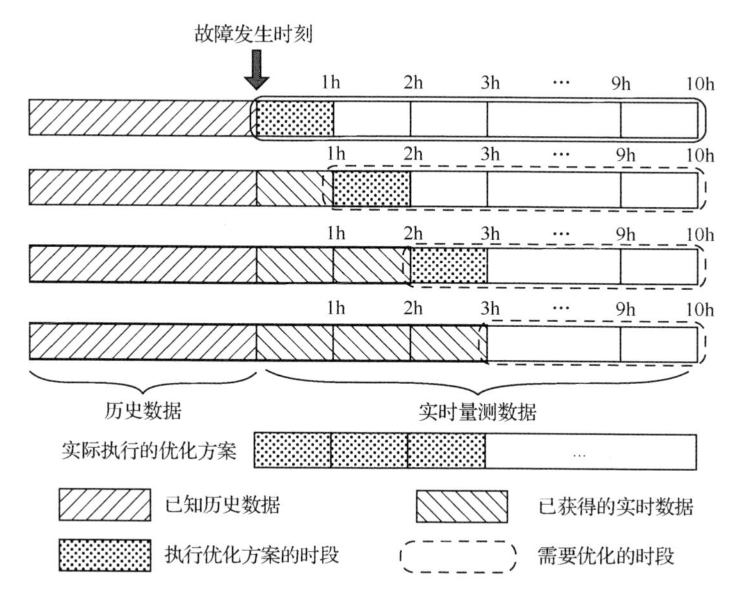

图 7-9 多时段负荷恢复滚动计划示意图

多时段负荷恢复滚动计划策略设计流程可分为两个部分。第一部分为建立可再生能源出力不确定性模型。依据已知历史信息求解可再生能源出力先验概率分布，建立优化模型求解初始负荷恢复策略。第二部分依据实时采集的信息更新可再生能源出力概率分布，滚动校正负荷恢复策略，得到极端故障下多时段动态负荷恢复策略。

7.3.2.2　出力预测误差不确定性建模

基于预测误差满足正态分布、β 分布等标准分布的原理进行风光出力预测，优点是含风光出力不确定性的优化模型在数学层面较容易求解。然而，在实际工程中，光伏发电、风电出力预测误差一般不满足标准分布。在此，考虑区域配电网中多个可再生能源出力具有空间关联性，其预测误差相应是一组空间关联的数据，建立基于高斯混合模型（Gaussian Mixture Model，GMM）的可再生能源出力不确定性模型。

1. 高斯混合模型

风光等可再生能源历史出力误差数据是高维数据。对于区域配电网中的多个可再生能源，依据其历史误差数据 $\boldsymbol{x}=\{\boldsymbol{x}_1,\boldsymbol{x}_2,\boldsymbol{x}_3\ldots\boldsymbol{x}_n\}$，建立相应的 GMM。GMM 由 K 个不同正态分布曲线加权求和得到，如图 7-10 所示。

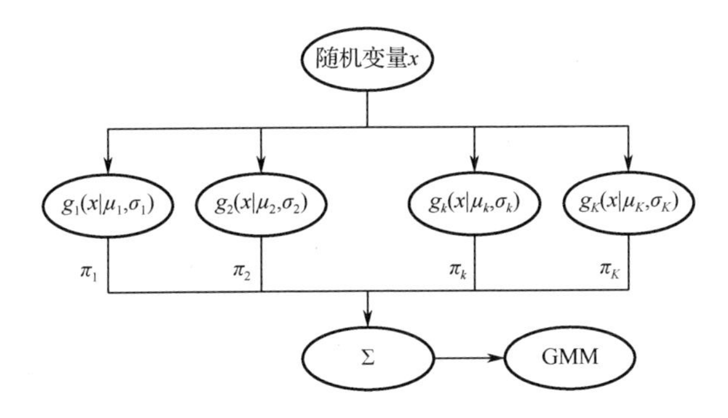

图 7-10　高斯混合模型原理示意图

可再生能源出力预测误差 $\boldsymbol{x}=\{\boldsymbol{x}_1,\boldsymbol{x}_2,\boldsymbol{x}_3\ldots\boldsymbol{x}_n\}$ 的 GMM 表达式如下：

$$p(\boldsymbol{x}\,|\,\boldsymbol{\theta})=\sum_{k=1}^{K}\pi_k N(\boldsymbol{x}\,|\,\boldsymbol{\mu}_k,\boldsymbol{\Sigma}_k) \tag{7-13}$$

$$\sum_{k=1}^{K}\pi_k=1 \tag{7-14}$$

$$\boldsymbol{N}(\boldsymbol{x}|\boldsymbol{\mu}_k,\boldsymbol{\Sigma}_k)=\frac{\exp\left(-\dfrac{1}{2}(\boldsymbol{x}_i-\boldsymbol{\mu}_k)^T(\boldsymbol{\Sigma}_k)^{-1}(\boldsymbol{x}_i-\boldsymbol{\mu}_k)\right)}{(2\pi)^{\frac{L}{2}}\det(\boldsymbol{\Sigma}_k)^{\frac{1}{2}}} \tag{7-15}$$

其中，$\boldsymbol{x}$为多维预测误差向量，π_k为第k个高斯分量的权重，$\boldsymbol{\mu}_k$为第k个高斯分量的期望向量，$\boldsymbol{\Sigma}_k$为第k个高斯分量的协方差矩阵，L为高斯模型维数。

对可再生能源出力预测误差数据x_i，设置ω_i用作权重参量来表示其可靠性。设这组多维数据$\boldsymbol{x}=\{\boldsymbol{x}_1,\boldsymbol{x}_2,\boldsymbol{x}_3\dots\boldsymbol{x}_n\}$的权重为$\omega=\{\omega_1,\omega_2,\omega_3\dots\omega_n\}$。当权重值$\omega_i$为一个正整数时，相当于将该数据在数据集中重复$\omega_i$次。在固定权重参量的情况下，可以采用基于权重数据的EM算法估计GMM的参数。

（1）EM算法初始化：采用K-means聚类算法求解模型参量$\boldsymbol{\theta}_k$的初值。

（2）E步：针对数据x_i的隐变量进行概率计算。

$$p(k|\boldsymbol{x}_i;\boldsymbol{\theta})=\frac{p(k,\boldsymbol{x}_i\mid\boldsymbol{\theta}_k)}{\sum_{k=1}^{K}p(k,\boldsymbol{x}_i\mid\boldsymbol{\theta}_k)} \tag{7-16}$$

$$p(k,\boldsymbol{x}_i|\boldsymbol{\theta}_k)=\frac{\pi_k\exp\left(-\frac{1}{2}(\boldsymbol{x}_i-\boldsymbol{\mu}_k)^T(\boldsymbol{\Sigma}_k)^{-1}(\boldsymbol{x}_i-\boldsymbol{\mu}_k)\right)}{(2\pi)^{\frac{L}{2}}\det(\boldsymbol{\Sigma}_k)^{\frac{1}{2}}} \tag{7-17}$$

（3）M步：推导带有权重数据的GMM参数迭代公式。

$$\pi_k=\frac{\sum_{i=1}^{n}\omega_i p(k|\boldsymbol{x}_i;\boldsymbol{\theta})}{\sum_{i=1}^{n}\omega_i} \tag{7-18}$$

$$\boldsymbol{\mu}_k=\frac{\sum_{i=1}^{n}\omega_i\boldsymbol{x}_i p(k|\boldsymbol{x}_i;\boldsymbol{\theta})}{\pi_k\sum_{i=1}^{n}\omega_i} \tag{7-19}$$

$$\boldsymbol{\Sigma}_k=\frac{\sum_{i=1}^{n}\omega_i p(k|\boldsymbol{x}_i;\boldsymbol{\theta})(\boldsymbol{x}_i-\boldsymbol{\mu}_k)(\boldsymbol{x}_i-\boldsymbol{\mu}_k)^T}{\sum_{i=1}^{n}\omega_i p(k|\boldsymbol{x}_i;\boldsymbol{\theta})} \tag{7-20}$$

重复上述（2）～（3）步骤直至收敛，得到可再生能源出力预测误差概率密度函数参数。

2. 最大后验估计

在由历史数据得到的可再生能源出力预测误差的先验分布的基础上，将观测到的实时数据根据最大后验估计理论可实时更新先验分布。随着实时数据的增加，先验估计对模型参数的决定作用渐渐减弱，而实时获取的真实数据将占据模型参数估计中的主导地位。在先验分布的基础上，根据实时量测数据采用最大后验估计（Maximum a Posteriori，MAP）动态更新参数，可以实现 GMM 参数在故障恢复时段在线更新，如式（7-21）所示。

$$\theta_{\mathrm{MAP}}=\arg\max_{\theta}[\log p(\boldsymbol{x}\,|\,\boldsymbol{\theta})+\log p(\boldsymbol{\theta})] \tag{7-21}$$

式中，$\log p(\boldsymbol{x}\,|\,\boldsymbol{\theta})$ 对应实时量测数据的影响，$\log p(\boldsymbol{\theta})$ 对应历史数据的影响。通过合理选择参数 $\boldsymbol{\theta}$ 的 $p(\boldsymbol{\theta})$ 模型设计参数估计算法。

在 MAP 算法中，先验分布的参数为其 EM 算法的初值。GMM 参数更新得到后验概率分布，计算过程如式（7-22）至式（7-27）。

$$\boldsymbol{n}_k=\sum_{i=1}^{n}p(k|\boldsymbol{x}_i;\boldsymbol{\theta}) \tag{7-22}$$

$$\boldsymbol{\pi}_k^{\mathrm{post}}=(\alpha_k\boldsymbol{\pi}_k+(1-\alpha_k)\boldsymbol{\pi}_k^{\mathrm{pri}})\gamma \tag{7-23}$$

$$\boldsymbol{\mu}_k^{\mathrm{post}}=\alpha_k\boldsymbol{\mu}_k+(1-\alpha_k)\boldsymbol{\mu}_k^{\mathrm{pri}} \tag{7-24}$$

$$\begin{aligned}\boldsymbol{\Sigma}_k^{\mathrm{post}}=&\alpha_k(\boldsymbol{\Sigma}_k+\boldsymbol{\mu}_k\boldsymbol{\mu}_k^T)-\boldsymbol{\mu}_k^{\mathrm{post}}(\boldsymbol{\mu}_k^{\mathrm{post}})^T\\&+(1-\alpha_k)(\boldsymbol{\Sigma}_k^{\mathrm{pri}}+\boldsymbol{\mu}_k^{\mathrm{pri}}(\boldsymbol{\mu}_k^{\mathrm{pri}})^T)\end{aligned} \tag{7-25}$$

$$\alpha_k=\boldsymbol{n}_k/(\boldsymbol{n}_k+r) \tag{7-26}$$

$$\sum\nolimits_k\boldsymbol{\pi}_k^{\mathrm{post}}=1 \tag{7-27}$$

式中，r 定义为关联因子，取常数；γ 为归一化权重因子；α_k 为适应系数。在上述方法中，历史数据用于生成先验分布，通过期望最大化算法引入实时数据的影响，设计适应系数 α_k 协调二者关系。当 α_k 接近 0 时，代表实时数据较少，可再生能源出力概率分布参数主要取决于历史数据；当 α_k 接近 1 时，代表实时数据较多，可再生能源出力概率分布参数主要取决于实时数据。α_k可按式（7-26）取值，自适应调整历史数据与实时数据在参数更新中的所占比重，实现可再生能源出力预测误差概率分布动态建模。

7.3.2.3 区域配电网故障恢复优化模型

极端故障场景下，提高供电可靠性是负荷恢复的首要目标。

1. 目标函数

负荷按可靠性要求可分为一级负荷、二级负荷和三级负荷。在负荷恢复过程中应该优先保障一级负荷的供电，尽可能提高 T 时段内的负荷恢复量。将 T 划分为多个调控时段，目标函数设定为

$$f_1 = \sum_{t=1}^{T}\sum_{l=1}^{L} w_l c_{t,l} P_{t,l} \tau_t \tag{7-28}$$

式中，L为负荷个数；l为负荷编号；T为故障时长；t为时段编号；τ_t为 t 时段的时长；w_l为第 l 个负荷等级权重系数。$c_{t,l}$为负荷供电状态变量，$c_{t,l}=1$代表t时段负荷l被恢复，处于供电状态；$c_{t,l}=0$代表t时段负荷l未被恢复，处于失电状态。$P_{t,l}$为t时段负荷l的功率。

为避免同一负荷多次投切造成频繁冲击，甚至损坏设备，对相邻时段内同一负荷的状态变化加以限制，如式（7-29）所示。

$$f_2 = \sum_{t=1}^{T}\sum_{l=1}^{L} |c_{t,l} - c_{t+1,l}| P_{t,l} \tau_t \tag{7-29}$$

式中，$|c_{t,l}-c_{t+1,l}|$为 0 表示负荷l在相邻的t时段与$t+1$时段供电状态不变，$|c_{t,l}-c_{t+1,l}|$为 1 表示相邻时段负荷供电状态发生变化，由断电状态到供电状态或由供电状态到断电状态。

2. 约束条件

（1）系统功率平衡机会约束

当孤岛运行时，T 中每个时段的功率约束应满足电能供给总功率大于等于所恢复负荷功率之和。

$$\sum_{g=1}^{G} P_{t,g} + \sum_{e=1}^{E} P_{t,e} + \sum_{s=1}^{S} P_{t,s} \geqslant \sum_{l=1}^{L} c_{t,l} P_{t,l} \tag{7-30}$$

式中，G 为可控 DG 数量，E 为储能数量，S 为可再生能源数量。相应地，g 代表可控 DG 编号，e 代表储能装置编号，s 代表可再生能源编号。$P_{t,\mathrm{e}}$ 为储能 e 在 t 时段的功率，$P_{t,\mathrm{s}}$ 为可再生能源 s 在 t 时段的功率。

可再生能源出力具有随机性，设定 t 时段置信度 α_t，系统功率平衡在一定置信度下成立，即在 t 时段内电能供大于求的概率大于等于置信度 α_t，如式（7-31）所示。

$$P_r\left\{\sum_{g=1}^{G} P_{t,g} + \sum_{e=1}^{E} P_{t,e} + \sum_{s=1}^{S} P_{t,s} \geqslant \sum_{l=1}^{L} c_{t,l} P_{t,l}\right\} \geqslant \alpha_t \tag{7-31}$$

（2）系统能量平衡机会约束

为了避免因可再生能源预测误差导致能量不足的情况，建立孤岛能量约束，如式（7-32）所示，表示在置信度 α_t 下 t_k 时段可控 DG 和 ESS 的剩余能量与未来时段可再生能源发电能量之和大于等于未来恢复负荷量，即

$$P_r\left\{\begin{matrix}\sum_{g=1}^{G} E_g(t_k+1) + \sum_{e=1}^{E} E_e(t_k+1) + \sum_{t=t_k+1}^{T}\sum_{s=1}^{S} P_{t,s}\tau_t \\ \geqslant \sum_{t=t_k+1}^{T}\sum_{l=1}^{L} c_{t,l} P_{t,l}\tau_t\end{matrix}\right\} \geqslant \alpha_t \tag{7-32}$$

式中，$E_g(t_k+1)$ 代表时段 t_k 可控 DG 剩余能源总量，由式（7-28）滚动计算，$E_g(0)$ 代表全部燃料能量。$E_e(t_k+1)$ 代表时段 t_k 储能电池剩余电量，由式（7-29）滚动计算，$E_e(0)$ 代表极端故障发生时刻电池储存的电量。则有

$$E_g(t_k+1) = E_g(0) - \sum_{t=1}^{t_k} P_{t,g} \tag{7-33}$$

$$E_e(t_k+1)=E_e(0)-\sum_{t=1}^{t_k}P_{t,e} \tag{7-34}$$

3．优化模型

在此，以负荷恢复量最大和负荷投切次数最小构建多目标函数，考虑可再生能源出力的不确定性、可控 DG 和储能等设备运行约束，以及系统功率和能量平衡等约束，建立 t 时段故障恢复优化模型如下：

$$\begin{cases}\min \quad (f_1-f_2)\\ \text{s.t.} \quad (7-6)\sim(7-12)、(7-31)\sim(7-34)\end{cases} \tag{7-35}$$

7.3.2.4 求解算法

式（7-35）给出的多时段负荷恢复优化模型含有概率约束条件，是一个概率约束最优化问题（Probabilistically Constrained Problem，PCP），其求解有一定困难。

在设定的置信度 α_t 下，t 时段孤岛所有电源出力大于所恢复负荷功率总量的约束条件可转化为式（7-36），即

$$\sum_{l=1}^{L}c_{t,l}P_{t,l}-\sum_{g=1}^{G}P_{t,g}-\sum_{e=1}^{E}P_{t,e}-\sum_{s=1}^{S}(\overline{P}_{t,s}+\xi_{t,s})\leqslant\sum_{s=1}^{S}R_{t,s} \tag{7-36}$$

式中，$R_{t,s}$ 为时段 t 内可再生电源 s 预测误差 $\xi_{t,s}$ 的不确定性带来的运行风险水平。

在 t_k 时段孤岛所有电源剩余能量之和大于未来可恢复负荷量的约束条件可转化为式（7-37），即

$$\begin{aligned}&\sum_{t=t_k+1}^{T}\sum_{l=1}^{L}c_{t,l}P_{t,l}\tau_t-\sum_{g=1}^{G}E_g(t_k+1)-\sum_{e=1}^{E}E_e(t_k+1)\\&-\sum_{t=t_k+1}^{T}\sum_{s=1}^{S}(P_{t,s}+\xi_{t,s})\tau_t\leqslant\sum_{s=1}^{S}R_{t,s}\end{aligned} \tag{7-37}$$

在故障时长 T 内，依据历史数据建立每个时段预测误差的不确定性模型，选取其概率分布模型的累积分布来反映系统的运行风险。对于设定的 t 时段置信度 α_t，选取分位数来量化描述预测误差带来的

影响，从而使得运行方案的风险可控。分位数的选取如图 7-11 所示。

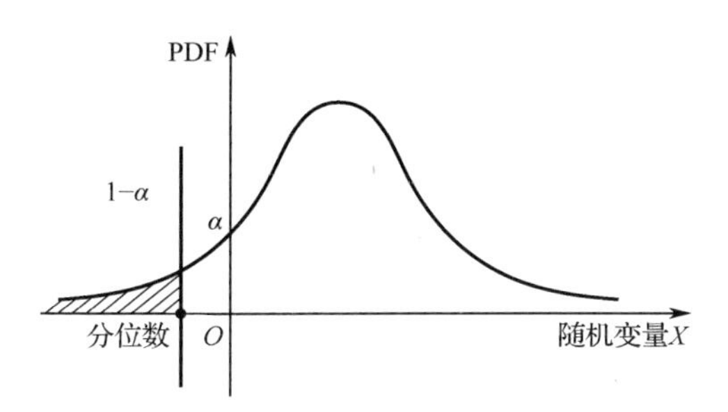

图 7-11　分位数的选取示意图

在孤岛运行状态下，时段 t 内预测误差的不确定性带来的运行风险水平 R_t 定义如式（7-38）所示。

$$R_t = \mathrm{CDF}^{-1}(1-\alpha_t) \tag{7-38}$$

利用 R_t 将 PCP 问题转化为等价混合整数线性规划问题（Mixed-Integer Linear Programming，MILP），即机会约束式（7-31）和式（7-32）转化为式（7-36）和式（7-37），最终得到优化问题如下。

$$\begin{cases} \min \quad (f_1 - f_2) \\ \text{s.t.} \quad (7-6)\sim(7-12)、(7-33)\sim(7-34)、(7-36)\sim(7-37) \end{cases} \tag{7-39}$$

上述模型可调用 Yalmip 建模工具与 Cplex 求解器进行求解。

7.3.2.5　算例分析

1. 算例系统

算例系统结构如图 7-12 所示。当极端故障发生后，该系统与上级电网断开，设 t_3 为早 8:00，T 时段为 8:00—18:00。其中，柴油发电机 Diesel 1 功率上限 $P_{\max}=1.0\text{MW}$、容量 $E=8.0\text{MW}\cdot\text{h}$，Diesel 2 功率上限 $P_{\max}=1.2\text{MW}$、容量 $E=6.0\text{MW}\cdot\text{h}$；储能电池 ESS 初始 $\text{SOC}(0)=70\%$、充放电功率 $P_{c,\max}=P_{d,\max}=1.5\text{MW}$，容量 $E=3.0\text{MW}\cdot\text{h}$，充放电效率 $\eta_c=0.8$，$\eta_d=0.9$；风机 WT 安装容量为 6.0MW，光伏 PV 安装容量为 4.0MW；总负荷为 12.95MW，其中一级负荷为 2.4MW，二级负荷为 4.15MW，三级负荷为 6.4MW。

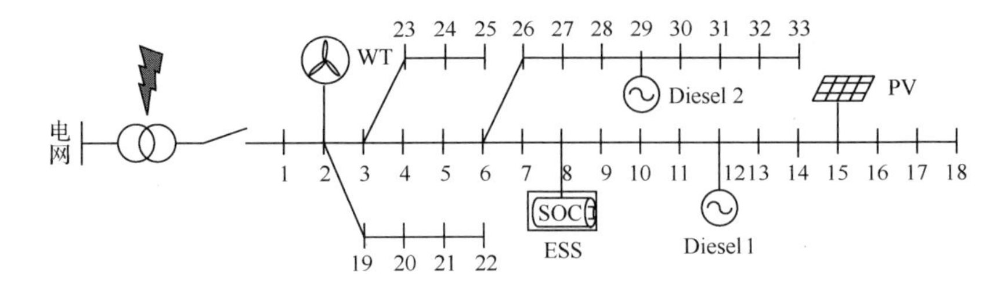

图 7-12 算例系统结构

2. 模型参数更新

采用华北某地2017年某风机出力预测误差数据进行GMM建模，高斯分量取值5。图7-13为在6000个历史数据样本下不带权重的风机出力预测误差GMM估计概率密度图，柱状图为频数直方图，红色曲线代表EM算法估计得到的高斯混合函数曲线（图中深色线），蓝色虚线为GMM分量曲线（图中浅色线）。从图中可以看出GMM曲线能够较好地与历史数据概率分布拟合。

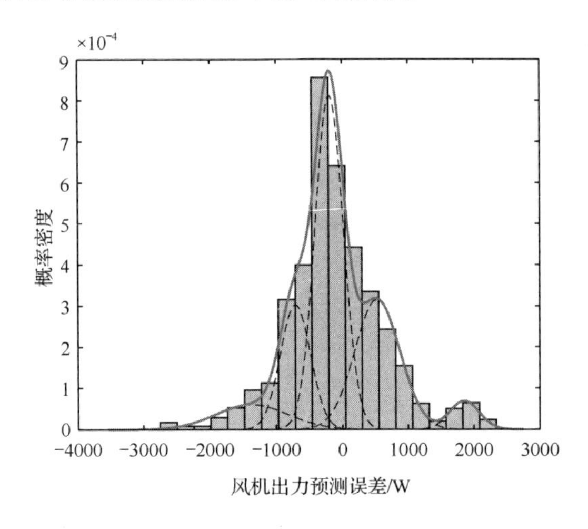

图 7-13 不带权重的风机出力预测误差 GMM 估计概率密度图

对6000个样本点数据赋予6000个权重参数，其中选取了预测误差较大的日期赋予更大的权重，再次进行GMM求解，结果如图7-14所示。可以看出，预测误差在+2000W左右的数据受到了重视。

在t_3后一个小时，通过GMM参数自学习算法，根据获取的实时误差数据实现先验分布自更新，更新结果如图7-15所示。粗黑色实线代表根据实时量测数据更新的后验分布曲线。t_3后 1 小时处于暴雨刚结束的状态，风力依然较大，按照历史数据预测的出力值低于实际值，因此所得到的实时误差数据偏向负值。根据实时数据更新的分布比依据历史数据得到的先验分布更准确。

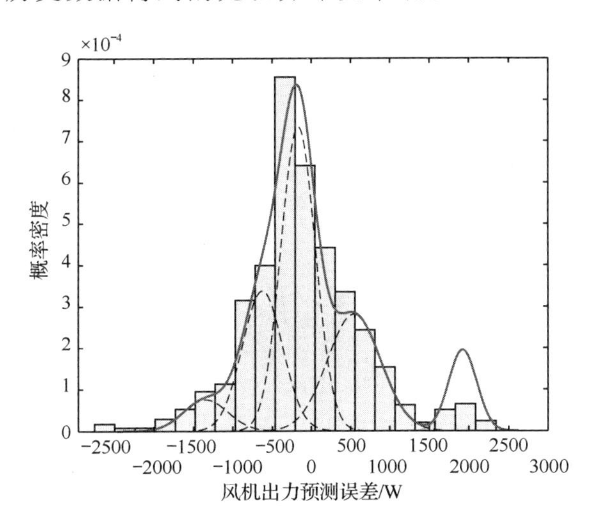

图 7-14　带权重的风机出力预测误差 GMM 估计概率密度图

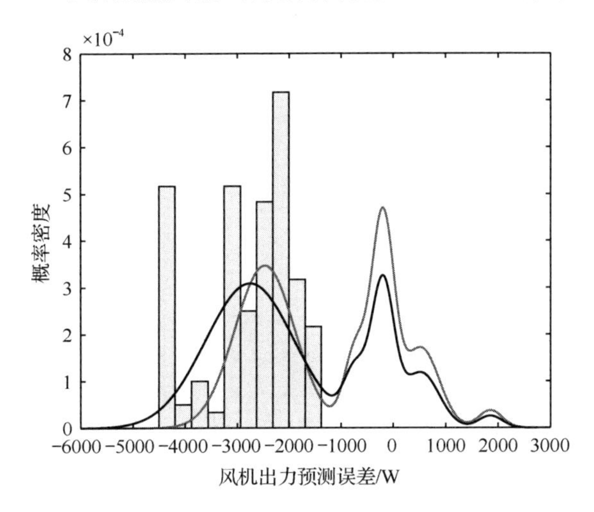

图 7-15　t_3后 1 小时更新的预测误差概率密度分布图

图 7-16 展示了t_3后的第 4 小时的概率分布曲线。从频数直方图可以看出，第 4 小时所获得的实时数据信息特点发生了变化，此时暴雨已经结束 4 个小时，风力渐渐变小，基于历史信息预测出力与

实际值渐渐接近，误差逐渐趋近于 0，概率分布依据实时数据进行相应调整，同时动态校正当前时段制定的负荷恢复方案。

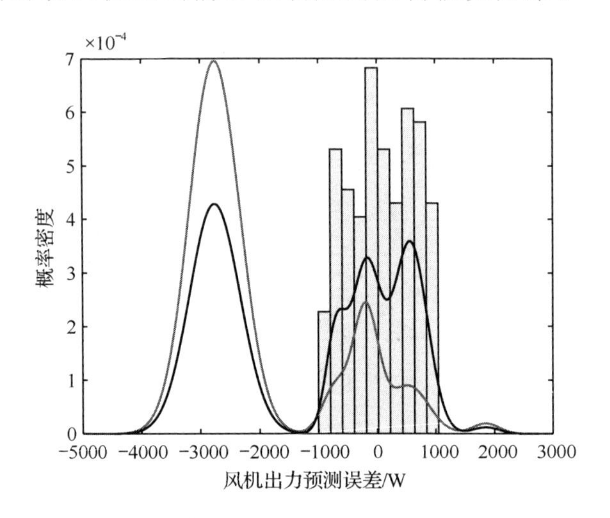

图 7-16 t_3 后 4 小时更新的预测误差概率密度分布图

同理，可得到剩余时段的预测误差概率分布。图 7-17 给出了第 6 小时发生预测值大于实际出力的情况，出力概率模型也有相应变化，其分布更加可信。

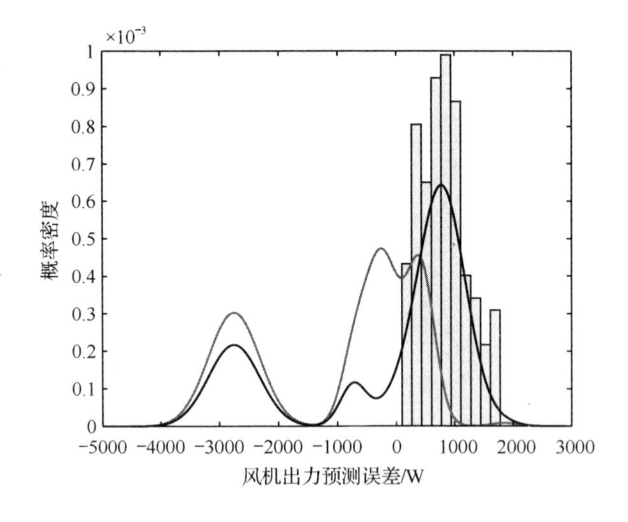

图 7-17 t_3 后 6 小时更新的预测误差概率密度分布图

3. 负荷恢复方案

设定一级负荷权重值为 100，二级负荷权重值为 10，三级负荷权重值为 1。将每小时风光发电出力预测误差概率分布置信度 α 设为相同。$\alpha=95\%$ 的计算结果如图 7-18 所示，其中，一级负荷全部恢复，二级负荷恢复量为 10.5MW·h，三级负荷全部断电。

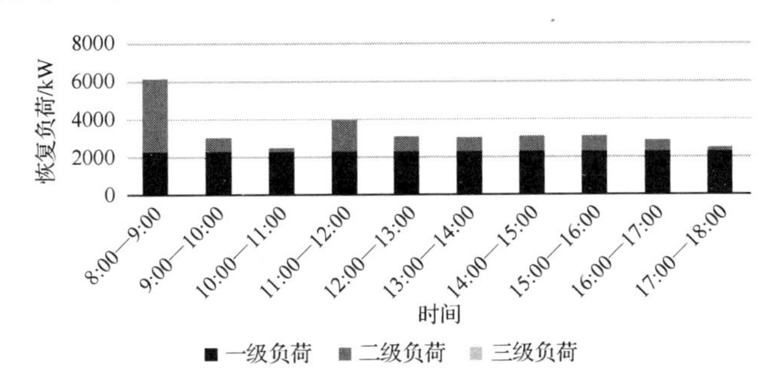

图 7-18 采用多时段负荷恢复策略求解得到的负荷恢复情况

直接采用风光出力预测值得到的负荷恢复情况如图 7-19 所示。为表述方便，后续将此计算结果表述为传统方法。

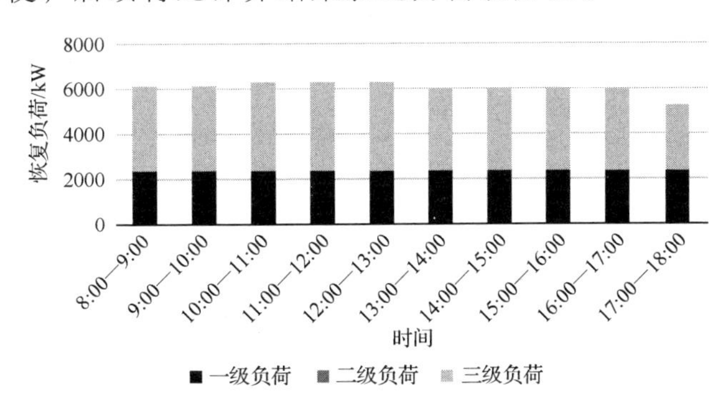

图 7-19 采用传统方法求解得到的负荷恢复情况

将优化方案中出现发电小于用电情况的次数作为当前方案下的负荷失电风险。采用传统方法和多时段负荷恢复策略方法统计负荷恢复量，结果如表 7-1 所示。

表 7-1 区域配电网负荷恢复方案

算法		一级负荷/MW·h	二级负荷/MW·h	三级负荷/MW·h	负荷失电风险
传统方法		24	36.9	0	85.3%
多时段负荷恢复策略	$\alpha=85\%$	24	13.4	0	14.7%
	$\alpha=95\%$	24	10.5	0	4.9%

由表 7-1 可知，传统方法和多时段负荷恢复策略方法均实现了一级负荷全部恢复，但传统方法的负荷失电风险远远高于多时段负荷恢复策略方法。传统方法制定的故障恢复方案带来的负荷失电风险为 85.3%，而多时段负荷恢复策略方法在 $\alpha=95\%$ 时为 4.9%。多时段负荷恢复策略方法相比于传统方法大大降低了失电风险。这表明多时段负荷恢复策略方法设计的故障恢复策略具有更高的可靠性。传统方法缺少对风光出力预测误差不确定性的评估，降低了可靠性。同时，传统方法恢复的二级负荷量比多时段负荷恢复策略方法高 56.6%。这表明了多时段负荷恢复策略方法将使得故障恢复策略趋于保守。

在多时段负荷恢复策略方法中，可控 DG 及储能出力计划的优化结果如图 7-20 所示，在故障结束时刻，孤岛内有限资源全部恢复供电。

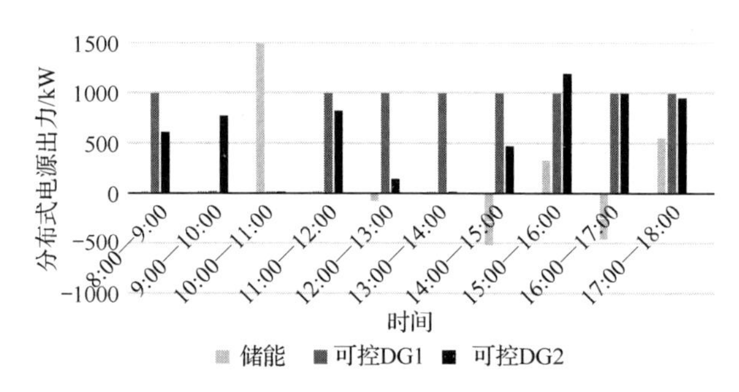

图 7-20　采用多时段负荷恢复策略制定的可控 DG 及储能出力情况

在传统方法中，可控 DG 及储能出力情况如图 7-21 所示。

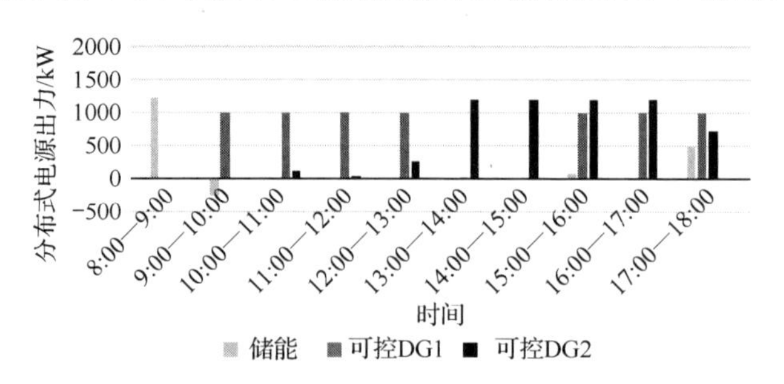

图 7-21　采用传统方法制定的可控 DG 及储能出力情况

对比图 7-20 和图 7-21 给出的可控 DG 的燃料消耗总量资源、储能电池的剩余电量，可以看出，多时段负荷恢复策略方法恢复负荷量的减少主要是因为风光发电资源的利用率降低了。这表明采用多时段负荷恢复策略方法的保守策略在保证供电可靠性的同时付出了弃风弃光的代价。

此外，对比设置不同的风险水平下采用多时段负荷恢复策略方法求解的结果，不同的风险水平对应的恢复负荷量和失电风险均有所变化，且风险水平限制越高，恢复负荷量越小，可靠性越高。严格的风险指标意味着可用低风险的孤岛运行方案，但其资源利用率与负荷恢复率会相对降低，宽松的风险指标意味着会给重要负荷的持续供电带来更高风险。

在多时段负荷恢复策略方法中，采用最大后验估计理论，结合历史先验信息与实时量测信息在线更新 GMM 参数，实现可再生能源出力预测误差概率模型自更新。在单一时段风险限制的负荷恢复策略的基础上，根据更新的可再生能源出力不确定性模型，滚动校正负荷恢复策略。算例结果表明，该方法保障了重要负荷的供电可靠性。

7.4　综合能源系统运行风险评估

7.4.1　应用背景

能源互联网的建设为电、热、冷、氢等多种能源形式在时间和空间多个维度上进行能源调配奠定了关系网基础，大数据技术为能源生产运行方式的优化以及全社会能源消费观念的引导提供了科学依据。

通过能源互联网，不同能源类型在利用过程中可以实现优势互补，提高能源利用率，但是多能源系统间的强耦合性也会带来相互影响的新问题。例如，在电力系统和天然气系统互联形成的电-气互联综合能源系统（Electric-Gas Integrated Energy System，EGIES）中，可再生能源出力的随机性和波动性会关联引起燃气轮机出力波动，从而导致天然气系统管道流量和节点气压波动；天然气系统的气源中断、气流量波动或者气压骤降可能会造成电力系统的燃气轮机停运，迫使其他发电机出力增加，导致输电阻塞，进而影响电力系统的安全稳定运行。能源系统运行风险评估方法可分为解析法和模拟法两种。解析法是基于系统的要素关系建立数学模型，从而求解得到各类风险指标，包括故障树法、枚举法等。这类方法适用于网络规模较小、网络结构较强的系统，随着系统中元件数量或系统状态的增加，会产生计算灾难的问题。模拟法是对元件状态进行大量抽样，并通过统计得到系统的各类风险指标。但是，为得到精确的风险指标计算结果，需要大量抽样，模拟法需要耗费更多的计算时间。

7.4.2 实现设计

目前，综合能源系统风险评估的研究处于起步阶段，研究成果集中在综合能源系统可靠性评估方面。从长期规划角度评价综合能源系统的可靠性水平，对于系统优化和运行控制有着重要意义。但是，基于系统运行风险短时间尺度内的量化计算结果更有助于运行调控人员在线决策，系统运行调控人员需要基于系统实时运行状态进行风险评估，从而发现安全隐患，及时给出预警，并辅助决策调整当前的运行方式，保证系统的安全性。而EGIES中元件数量庞大，系统状态变化多样，特别是具有波动性和随机性的可再生能源的接入，进一步增加了系统的不确定性，传统的解析法和模拟法无法实现系统运行风险的快速量化计算。

下面以电气综合能源系统为例给出一种基于半不变量法的运行风险快速准确评估方法，以期为电力系统、天然气系统的安全稳定运行提供辅助决策依据。

7.4.2.1　运行风险评估指标

1. EGIES 运行特性

对于 EGIES，支路功率、节点电压、系统频率和节点气压是影响供电质量、供气质量和安全稳定的主要因素。支路功率过载对于电力系统输变电设备安全的危害很大，超过传输线路静稳极限将破坏系统稳定性。节点电压越限将给电力系统节点带来电压质量问题，也影响天然气节点电动压缩机的正常运行，进而影响供气质量。在极端情况下，可能引发综合能源系统电压崩溃。系统频率是保证发电设备以及包括天然气电动压缩机在内的电力旋转设备正常运行的关键指标，系统频率越限甚至有可能引发大面积停电、供气中断和系统瓦解。天然气输送气流量由管道两端节点气压决定，当输气压力低于下限时，用户将难以得到持续有效的天然气供应；当输气压力高于上限时，将会直接对管道产生强烈的冲击，造成管道破裂。因此，节点气压直接影响气网管道供气质量和输送流量的稳定。同时，节点气压波动将影响电力负荷特性，影响供电质量。特别地，可再生能源出力波动将传导带来支路功率波动、电压波动与频率偏移和气压波动等问题。因此，考虑系统中电力系统与天然气系统的运行特性以及二者之间的紧密耦合，选取支路功率、节点电压、系统频率和节点气压为 EGIES 的运行风险指标参数。

2. EGIES 运行风险指标

（1）支路功率越限风险指标

当系统运行时，支路功率不得越限。支路功率越限的风险指标可由支路功率超过该支路允许传输功率上限的概率及其严重度来表示。t 时刻支路 ij 功率越限的风险指标计算公式如下：

$$R_{ij}(t)=\begin{cases}0 & (P_{ij}\leqslant P_{ij}^{\max})\\ \int_{P_{ij}^{\max}}^{P_{ij}}(P_{ij}(t)-P_{ij}^{\max})f(P_{ij}(t))\,\mathrm{d}P_{ij} & (P_{ij}>P_{ij}^{\max})\end{cases} \tag{7-40}$$

式中，$P_{ij}(t)$ 表示 t 时刻支路 ij 功率，$P_{ij}^{\max}$ 表示支路 ij 允许传输功率的上限，$\mathrm{d}P_{ij}$ 表示与支路功率对应的概率密度。

（2）节点电压越限风险指标

当系统运行时，节点电压应维持在一定范围内。节点电压越限风险指标可由节点电压超过设定电压允许范围上下限的概率及其严重度来表示。t 时刻节点电压越限的风险指标计算公式如下：

$$R_i(t)=\begin{cases}\int_{V_i}^{V_i^{\min}}\mathrm{f}(V_i)\cdot(V_i^{\min}-V_i(t))\mathrm{d}V_i & (V_i(t)<V_i^{\min})\\ 0 & (V_i^{\min}\leqslant V_i(t)\leqslant V_i^{\max})\\ \int_{V_i^{\max}}^{V_i}f(V_i)\cdot(V_i(t)-V_i^{\max})\mathrm{d}V_i & (V_i(t)>V_i^{\max})\end{cases} \tag{7-41}$$

式中，$V_i(t)$ 表示 t 时刻节点 i 电压，$V_i^{\max}$ 表示节点 i 电压的允许上限，$V_i^{\min}$ 表示节点 i 电压的允许下限，$f(V_i)$ 表示节点电压对应的概率密度。

（3）系统频率越限风险指标

系统频率越限会影响供电质量、供气质量和系统稳定。系统频率应维持在一定范围内，频率越限风险指标可由频率超过设定允许范围上下限的概率及其严重度来表示。t 时刻频率越限的风险指标计算公式如下：

$$R(t)=\begin{cases}\int_{f_i}^{f^{\min}}f(f(t))\cdot(f_{\min}-f(t))\mathrm{d}f & (f(t)<f^{\min})\\ 0 & (f^{\min}\leqslant f(t)\leqslant f^{\max})\\ \int_{f^{\max}}^{f_i}f(f(t))\cdot(f(t)-f_{\max})\mathrm{d}f & (f(t)>f^{\max})\end{cases} \tag{7-42}$$

式中，$f(t)$ 表示 t 时刻系统频率大小，$f^{\max}$ 表示系统频率的允许上限，$f^{\min}$ 表示系统频率的允许下限，$f(f(t))$ 表示 t 时刻系统频率对应的概率密度。

（4）节点气压越限风险指标

当系统运行时，节点气压应维持在一定范围内。节点气压越限风险指标可由节点气压超过设定气压允许范围的上下限的概率及其严重度来表示。t 时刻节点气压越限的风险指标计算公式如下：

$$R_i(t)=\begin{cases}\int_{\pi_i}^{\pi_i^{\min}} f(\pi_i(t))\cdot(\pi_i^{\min}-\pi_i(t))\mathrm{d}\pi_i & (\pi_i(t)<\pi_i^{\min}) \\ 0 & (\pi_i^{\min}\leqslant\pi_i(t)\leqslant\pi_i^{\max}) \\ \int_{\pi_i^{\max}}^{\pi_i} f(\pi_i(t))\cdot(\pi_i(t)-\pi_i^{\max})\mathrm{d}\pi_i & (\pi_i(t)>\pi_i^{\max})\end{cases} \tag{7-43}$$

式中，$\pi_i(t)$ 表示 t 时刻节点 i 气压大小，$\pi_i^{\max}$ 表示节点 i 气压允许上限，$\pi_i^{\min}$ 表示节点 i 气压下限值，$f(\pi_i)$ 表示节点 i 气压对应的概率密度。

7.4.2.2　考虑不确定性的 EGIES 模型

考虑 EGIES 模型中电功率平衡和天然气流量平衡以及两个系统之间的耦合关系，可建立系统能流方程如式（7-44）至式（7-47）所示。

$$P_{\text{gen},i}+P_{r,i}-P_{\text{com},i}-P_{L,i}-P_{\text{eh},i}^{e}-\sum_{j\in i}P_{ij}=0 \tag{7-44}$$

$$Q_{\text{gen},i}+Q_{r,i}-Q_{L,i}-\sum_{j\in i}Q_{ij}=0 \tag{7-45}$$

$$F_{G,m}+F_{P2G,m}-F_{L,m}-F_{\text{com},m}-\sum F_{\text{line},m}=0 \tag{7-46}$$

$$K_{\text{com}}\pi_{\text{in},n}-\pi_{\text{out},n}=0 \tag{7-47}$$

其中，式（7-44）为电力系统所有节点的有功平衡方程；式（7-45）为 PQ 节点的无功平衡方程；式（7-46）为非平衡节点的天然气流量平衡方程；式（7-47）为压缩机出入口压力的比例等式，在此认为天然气系统采用固定压力比的压缩机。$P_{\text{gen},i}$ 表示发电机有功功率，$P_{r,i}$ 表示可再生能源发电有功功率，$P_{\text{com},i}$ 表示压缩机消耗的功率，$P_{L,i}$ 表示电力负荷的有功功率，$P_{\text{eh},i}^{e}$ 表示能量路由器交换的电能。$\sum_{j\in i}P_{ij}$ 表示与 i 节点连接的支路的有功功率之和。$Q_{\text{gen},i}$ 表示发电机无功功率，$Q_{r,i}$ 表示可再生能源发电无功功率，$Q_{L,i}$ 表示电力负荷的无功功率，$\sum_{j\in i}Q_{ij}$ 表示与 i 节点相连接的支路流过的无功功率之和。$F_{G,m}$ 表示气源节点气流量，$F_{P2G,m}$ 表示电转气设备产生的天然气，$F_{L,m}$ 表示气负荷，$F_{\text{com},m}$ 表示压缩机消耗的天然气流量，$\sum F_{\text{line},m}$ 表示待求节点相连接的管道气流量之和。$\pi_{\text{in},n}$和$\pi_{\text{out},n}$分别表示天然气压缩机的入口压力和出口压力，K_{com}表示压缩机出口和入口压力比。i表示电力系统中所有节点的编号，j表示PQ节点的编号，m表示天然气系统中非平衡节点的编号，n表示压缩机节点编号，$j \in i$表示节点j与节点i相连接。

在能流方程中，选取节点角度θ、节点电压U、系统频率偏差f、节点气压π、压缩机的天然气流量F_{com}、气源节点天然气流量F_G、系统状态变量X，则

$$X = [\theta \quad U \quad f \quad \pi \quad F_{\text{com}} \quad F_G]^{\text{T}} \tag{7-48}$$

考虑电负荷P_{e_load}、可再生能源发电出力P_r与天然气负荷P_{g_load}的随机性，将能流方程的输入随机变量设为W，则

$$W = [P_{e\_\text{load}} \quad P_r \quad P_{g\_\text{load}}]^{\text{T}} \tag{7-49}$$

EGIES的能流方程为

$$\mathcal{H}(X,W) = 0 \tag{7-50}$$

输入随机变量W取均值W_0，采用牛顿-拉夫逊法对系统能流方程进行求解，可得到状态变量解X_0。考虑输入变量的随机性，将系统能流方程在(X_0,W_0)处泰勒展开，并忽略二次及以上项，有

$$\begin{aligned} \Delta Y_{(X_0,W_0)} &= \mathcal{H}(X,W)_{(X_0,W_0)} \\ &= -J_0 \Delta X - G_0 \Delta W \end{aligned} \tag{7-51}$$

其中，

$$J_0 = \left.\frac{\partial \mathcal{H}}{\partial X}\right|_{(X_0,W_0)} = \left.\begin{pmatrix} \dfrac{\partial \Delta P}{\partial \theta} & \dfrac{\partial \Delta P}{\partial V} & \dfrac{\partial \Delta P}{\partial \Delta f} & \dfrac{\partial \Delta P}{\partial \pi} & \dfrac{\partial \Delta P}{\partial F_{\text{com}}} & 0 \\ \dfrac{\partial \Delta Q}{\partial \theta} & \dfrac{\partial \Delta Q}{\partial V} & \dfrac{\partial \Delta Q}{\partial \Delta f} & 0 & 0 & 0 \\ 0 & 0 & \dfrac{\partial \Delta F}{\partial \Delta f} & \dfrac{\partial \Delta F}{\partial \pi} & \dfrac{\partial \Delta F}{\partial F_{\text{com}}} & \dfrac{\partial \Delta F}{\partial F_G} \\ 0 & 0 & 0 & \dfrac{\partial \Delta \Pi}{\partial \Delta \pi} & 0 & 0 \end{pmatrix}\right|_{(X_0,W_0)} \tag{7-52}$$

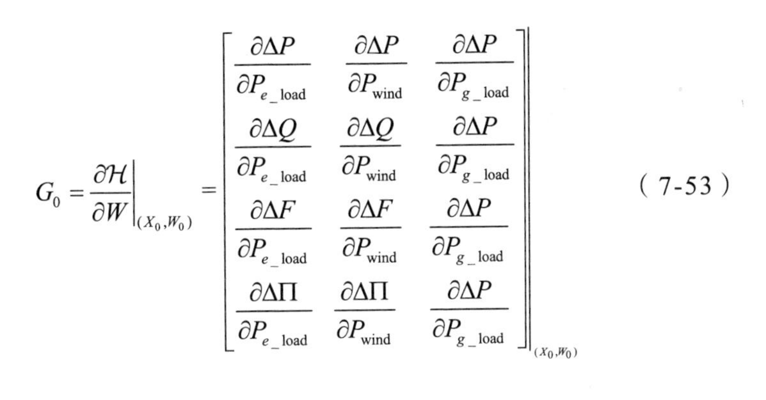

$$G_0=\frac{\partial\mathcal{H}}{\partial W}\bigg|_{(X_0,W_0)}=\begin{bmatrix}\dfrac{\partial\Delta P}{\partial P_{e\_\text{load}}} & \dfrac{\partial\Delta P}{\partial P_{\text{wind}}} & \dfrac{\partial\Delta P}{\partial P_{g\_\text{load}}}\\ \dfrac{\partial\Delta Q}{\partial P_{e\_\text{load}}} & \dfrac{\partial\Delta Q}{\partial P_{\text{wind}}} & \dfrac{\partial\Delta P}{\partial P_{g\_\text{load}}}\\ \dfrac{\partial\Delta F}{\partial P_{e\_\text{load}}} & \dfrac{\partial\Delta F}{\partial P_{\text{wind}}} & \dfrac{\partial\Delta P}{\partial P_{g\_\text{load}}}\\ \dfrac{\partial\Delta\Pi}{\partial P_{e\_\text{load}}} & \dfrac{\partial\Delta\Pi}{\partial P_{\text{wind}}} & \dfrac{\partial\Delta P}{\partial P_{g\_\text{load}}}\end{bmatrix}_{(X_0,W_0)} \tag{7-53}$$

当迭代收敛时，得到随机变量偏差量 ΔW 与状态变量偏差量 ΔX 之间的灵敏度关系 S_0，即

$$\Delta X=S_0\Delta W=-J_0^{-1}G_0\Delta W \tag{7-54}$$

$$S_0=-J_0^{-1}G_0=\left[\begin{array}{cc|c|cc} s_{11} & \cdots & s_{1j} & \cdots & s_{1n}\\ \vdots & \vdots & \vdots & \cdots & \vdots\\ s_{i1} & \cdots & s_{ij} & \cdots & s_{in}\\ \vdots & \vdots & \vdots & \cdots & \vdots\\ s_{m1} & \cdots & s_{mj} & \cdots & s_{mn}\end{array}\right] \tag{7-55}$$

其中，$m=6$ 为系统状态变量 X 的个数，$n=3$ 为输入随机变量 W 的个数。

电力线路输送功率为

$$\begin{aligned}P_{ij}&=-V_iV_j(G_{ij}\cos\theta_{ij}+B_{ij}\sin\theta_{ij})+t_{ij}G_{ij}V_i^2\\ Q_{ij}&=-V_iV_j(G_{ij}\sin\theta_{ij}-B_{ij}\cos\theta_{ij})+(B_{ij}-b_{ij0})V_i^2\end{aligned} \tag{7-56}$$

式中，P_{ij} 和 Q_{ij} 分别为支路上流过的有功功率和无功功率。G_{ij} 为线路电导，B_{ij} 为线路电纳，b_{ij0} 为线路并联电纳，t_{ij} 为变压器变比。

将式（7-56）简写为

$$E_L=\mathcal{E}(X) \tag{7-57}$$

则天然气管道气流量为

$$F_{mn} = k_{mn} s_{mn} \sqrt{s_{mn}(\pi_m^2 - \pi_n^2)} \tag{7-58}$$

式中，k_{mn}为管道特性系数；π_m为管道首端压力值，π_n为管道末端压力值；s_{mn}为方向系数。当$\pi_m^2 - \pi_n^2 > 0$时，s_{mn}=1；当$\pi_m^2 - \pi_n^2 < 0$时，$s_{mn}=-1$。

将式（7-58）简写为

$$G_L = \mathcal{G}(X) \tag{7-59}$$

对于电力线路输送功率式（7-57）和天然气管道流量式（7-59），可按照式（7-51）至式（7-54）的步骤得到电力输送线路不平衡量ΔE_L与随机变量ΔW在（E_0, W_0）的线性关系式，天然气管道流量不平衡量ΔG_L与随机变量ΔW（G_0, W_0）的线性关系式分别如式（7-60）和式（7-61）所示。

$$\Delta E_L = S_{E0} \Delta W \tag{7-60}$$

$$\Delta G_L = S_{G0} \Delta W \tag{7-61}$$

7.4.2.3 EGIES风险评估算法

在电−气互联综合能源系统的运行风险评估中，首先改进K-means聚类算法，对随机变量W的输入样本进行聚类。接着，依次选取每个聚类簇进行基于半不变量法的聚类簇原点矩计算。然后，计算全样本的半不变量，再采用Gram-Charlie级数展开，可以得到输出变量的概率密度函数。最后，计算综合能源系统风险指标。具体流程如图7-22所示。

1. 基于改进K-means聚类算法的样本预处理

电−气互联综合能源系统中的可再生能源发电出力模型，如风力发电模型，建立风速的概率分布可用威布尔分布建模。电力负荷和天然气负荷的概率分布可用正态分布建模。对于EGIES，考虑到可再生能源发电的波动范围较大，直接采用半不变量进行线性计算将带来较大误差，可采用K-means聚类算法将输入随机变量（风电出力、电力负荷、天然气负荷）进行聚类，在每一个聚类簇中点进行线性计算，实现分段线性化。得到每一簇状态变量的各阶半不变量后，再通过全概率公式合成状态变量的整体半不变量。

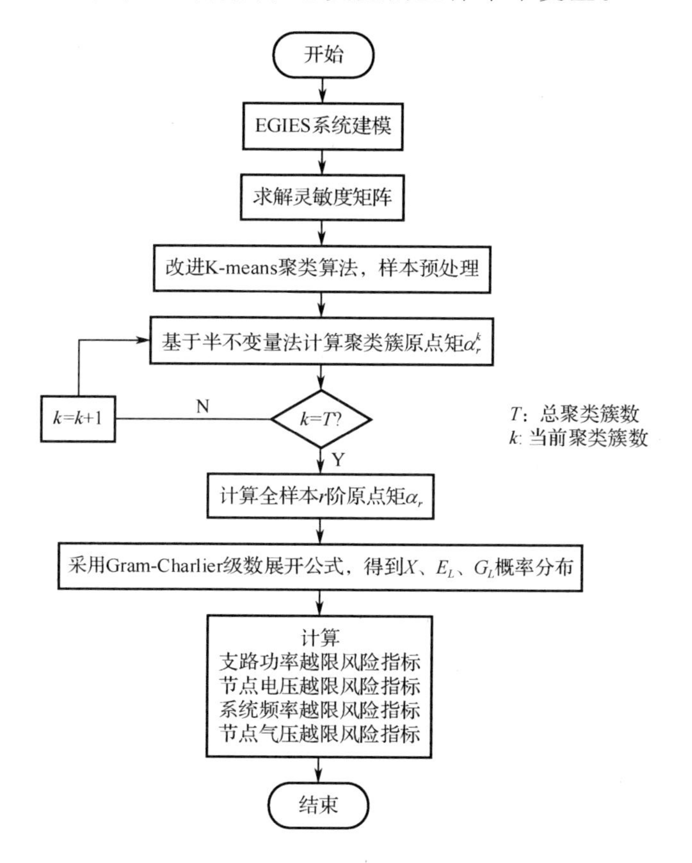

图 7-22　风险评估计算流程

在 EGIES 模型中，电力变量和天然气变量之间的数值尺度和灵敏度系数存在较大差异，在此提出改进 K-means 聚类算法进行样本预处理。基于 K-means 聚类算法，引入输入随机变量的灵敏度修正系数来修正 K-means 聚类算法中的欧氏距离，降低具有较大灵敏度的输入随机变量的波动范围，进一步减小聚类簇内能流方程的线性误差，使得状态变量概率分布的计算精度得到进一步提升。

首先，进行样本标准化。根据式（7-62）对可再生能源出力、电力负荷与天然气负荷初始样本进行标准化，即

$$w'_{lj} = \frac{w_{lj}}{m_{Wj}} \tag{7-62}$$

式中，w_{lj}为第j个输入随机变量W_j的第l个样本值；m_{Wj}为输入随机变量W_j的均值；w'_{lj}为标准化后的值。

在此基础上，引入灵敏度修正系数。对于聚类簇k，定义第j个随机变量的灵敏度修正系数S_j^k，即

$$S_j^k = \sum_{i=1}^{m} |s_{ij}| \tag{7-63}$$

则第l组样本与聚类簇k中心的欧氏距离L_l^k为

$$L_l^k = \sqrt{\sum_{j=1}^{m} S_j (w'_{lj} - w'^0_{kj})^2} \tag{7-64}$$

式中，w'_{lj}为第l组样本标准化后的第j个随机变量，w'^0_{kj}为簇中第j个随机变量的中心，S_j^k为第j个随机变量的灵敏度修正系数。

2. 基于半不变量法的聚类簇原点矩计算

基于半不变量法，根据随机变量偏差量ΔW与状态变量偏差量ΔX之间的灵敏度关系S_0，可得系统状态变量X的各阶半不变量κ^X与输入随机变量W的各阶半不变量κ^W之间的线性关系式为

$$\begin{aligned} \kappa_1^X &= S_0 \kappa_1^W + X_{s0} \\ \kappa_2^X &= S_0^2 \kappa_2^W \\ &\vdots \\ \kappa_r^X &= S_0^r \kappa_r^W \end{aligned} \tag{7-65}$$

式中，κ_r^X为状态变量X的r阶半不变量，κ_r^W为随机变量W的r阶半不变量，S_0^r为灵敏度关系S_0的r次幂。

支路功率E_L的各阶半不变量κ^{E_L}与输入随机变量W的各阶半不变量κ^W之间的线性关系式为

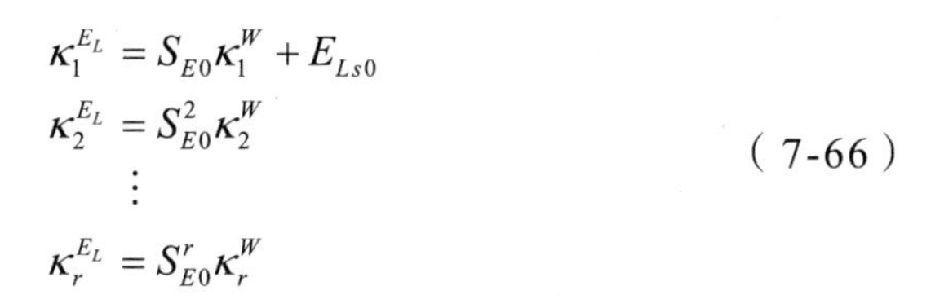

$$\begin{aligned}\kappa_1^{E_L} &= S_{E0}\kappa_1^W + E_{Ls0}\\ \kappa_2^{E_L} &= S_{E0}^2\kappa_2^W\\ &\vdots\\ \kappa_r^{E_L} &= S_{E0}^r\kappa_r^W\end{aligned} \tag{7-66}$$

式中，E_{Ls0} 为 $E_{L0}-S_{E0}W_0$，$\kappa_r^{E_L}$ 为电力线路传输功率 E_L 的 r 阶半不变量，κ_r^W 为随机变量 W 的 r 阶半不变量，S_{E0} 为对电力输送功率与随机变量的灵敏度关系矩阵，S_{E0}^r 为 S_{E0} 的 r 次幂。

同理，天然气管道流量 G_L 的各阶半不变量 κ^{G_L} 与输入随机变量 W 的各阶半不变量 κ^W 之间的线性关系式为

$$\begin{aligned}\kappa_1^{G_L} &= S_{G0}\kappa_1^W + G_{Ls0}\\ \kappa_2^{G_L} &= S_{G0}^2\kappa_2^W\\ &\vdots\\ \kappa_r^{G_L} &= S_{G0}^r\kappa_r^W\end{aligned} \tag{7-67}$$

式中，G_{Ls0} 为 $G_{L0}-S_{G0}W_0$，$\kappa_r^{G_L}$ 为天然气传输流量 G_L 的 r 阶半不变量，κ_r^W 为随机变量 W 的 r 阶半不变量，S_{G0}^r 为 S_{G0} 的 r 次幂。

将 X、E 和 G 各个聚类簇的半不变量转化为原点矩。第 k 个聚类簇的原点矩为

$$\alpha_r^k = \begin{cases}\kappa_1^k & (r=1)\\ \kappa_r^k + \sum\limits_{j=1}^{v-1} C_{r-1}^j \alpha_j^k \kappa_{r-j}^k & (r>1)\end{cases} \tag{7-68}$$

式中，α_r^k 为聚类簇 k 的第 r 阶原点矩；κ_r^k 为聚类簇 k 中第 r 阶半不变量；C_{r-1}^j 为组合数。

3. 全样本 r 阶半不变量计算

对于状态变量 X，全样本集合为 $X=\{x_1,x_2,x_3,\cdots,x_N\}$，第 k 个聚类簇内的样本为 $X_k=\{x_{k+1},x_{k+2},\cdots,x_{k+n_k}\}$，共有 T 个聚类簇。

则 X 的 r 阶原点矩为

$$
\begin{aligned}
\alpha_r^Z &= \frac{\sum_{i=1}^{N} X_i^r}{N} \\
&= \frac{n_1}{N}\left(\frac{\sum_{i=1}^{n_1} X_i^r}{n_1}\right)+\ldots+\frac{n_k}{N}\left(\frac{\sum_{i=1}^{n_k} X_i^r}{n_k}\right)+\ldots+\frac{n_T}{N}\left(\frac{\sum_{i=1}^{n_T} X_i^r}{n_T}\right) \\
&= P_1\alpha_r^{X_1}+\ldots+P_k\alpha_r^{X_k}+\ldots+P_T\alpha_r^{X_T}
\end{aligned}
\tag{7-69}
$$

式中，N 为所有样本的总数，n_k 为第 k 个聚类簇中样本的个数。$\sum_{i=1}^{n_k} X_i^r$ 为聚类簇 k 中的 r 阶原点矩之和，P_k 为聚类簇 k 的样本占总样本的比例，$\alpha_r^{X_k}$ 为聚类簇 k 的样本的原点矩。

全样本 r 阶半不变量 κ_r 为

$$
\kappa_r = \begin{cases} \alpha_1 & (r=1) \\ \alpha_r - \sum_{j=1}^{r-1} C_{r-1}^{j}\alpha_j\kappa_{r-j} & (r>1) \end{cases}
\tag{7-70}
$$

同理，可计算 E_L 和 G_L 的全样本 r 阶半不变量。

7.4.2.4 算例分析

以 IEEE39 节点电力系统和比利时 20 节点天然气系统互联形成的 EGIES 为算例，电负荷和气负荷均服从正态分布，其拓扑结构如图 7-23 所示。其中，母线 9、13、25 和 27 处分别接入 400MW 的风电场，且风速均服从两参数威布尔分布，切入风速为 3m/s，额定风速为 13m/s，切出风速为 25m/s；母线 13 和 25 处一定比例的风电经 P2G 设备转化为天然气，注入到节点 44 和 53；母线 30 和 38 处接入燃气轮机，分别由节点 49 和 56 提供天然气；两台电动机驱动压缩机的电能由母线 20 和 21 提供。

1. 改进 K-means 聚类算法

对于给定的算例系统，在母线 13 和 25 处 50%风电经 P2G 设备转化为天然气的场景下，聚类数与加权平均半径之间的关系如图 7-24 所示。从图 7-24 中可以看出，当聚类数为 35 时，加权平均半径已经不再发生较大变化，因此选取聚类数为 35。

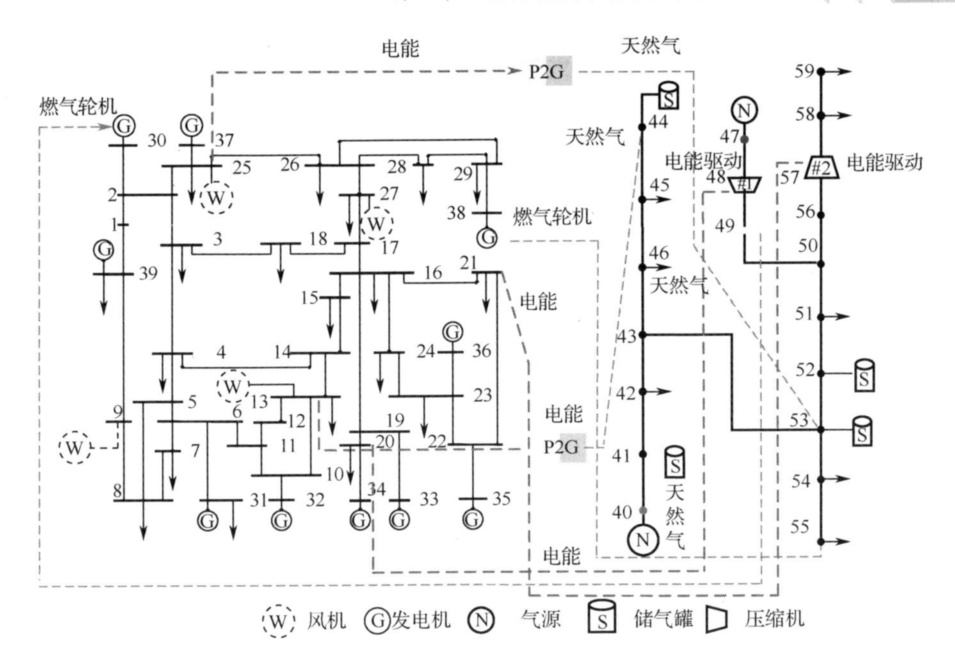

图 7-23　电-气互联综合能源系统拓扑结构图

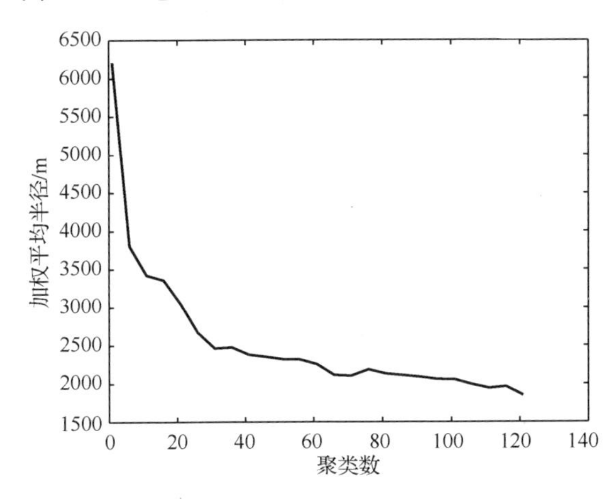

图 7-24　聚类数与加权平均半径之间的关系

采用前述基于灵敏度修正系数改进的 K-means 聚类算法，对风电样本、电负荷与气负荷样本进行聚类。以簇 2～簇 5 为例，采用传统 K-means 聚类算法（后续简称“传统算法”）和采用改进的 K-means 聚类算法（后续简称为“改进算法”）聚类后，聚类簇的标准差如表 7-2 所示。

表 7-2　聚类簇内样本标准差比较

簇编号	标准差	
	传统算法	改进算法
2	8.578	7.424
3	11.747	9.203
4	7.356	6.453
5	10.843	6.245

可以看出，改进算法能够有效降低样本的波动性。

2. 运行风险指标参数的概率分布

采用 5 阶 Gram-Charlier 级数展开，得到支路有功功率、节点电压、系统频率以及节点气压的概率分布，结果如图 7-25 所示。

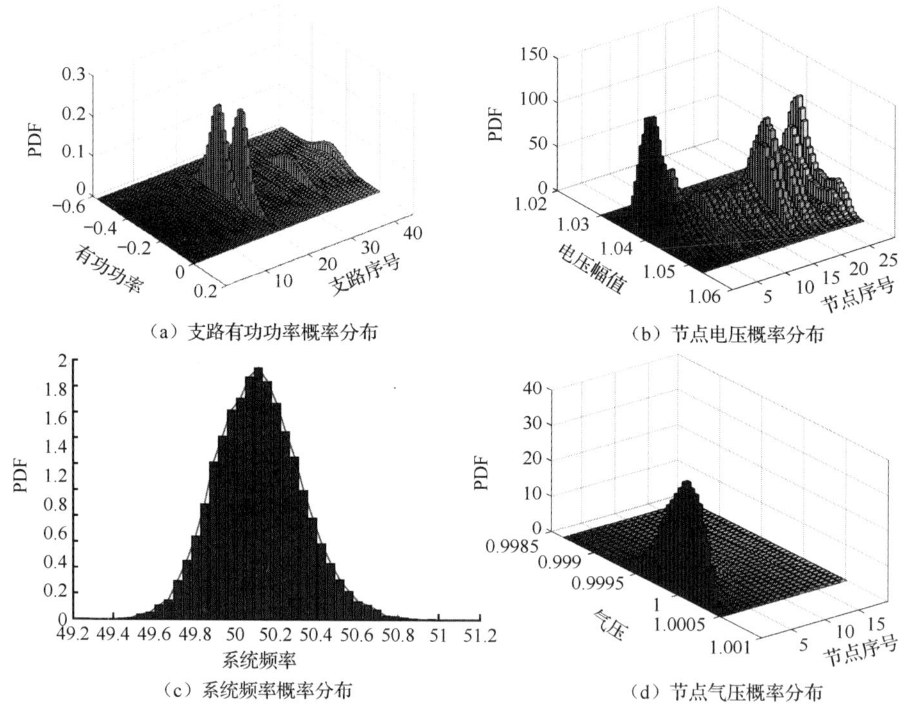

图 7-25　运行风险指标参数的概率分布

（注：PDF 为概率密度值）

以蒙特卡罗算法 20000 次迭代计算结果为参考值，以平均根均方（Average Root Mean Square，ARMS）为衡量计算精度的指标，运行风险指标参数的 ARMS 值计算结果如图 7-26 所示。可以看出，采用改进算法计算得到的支路功率 ARMS 值最大为 1.04×10^{-4}MW；节点电压 ARMS 值最大为 1.02×10^{-3}p.u.；系统频率 ARMS 值最大为 1.04×10^{-3}Hz；节点气压 ARMS 值最大为 9.36×10^{-4}bar。

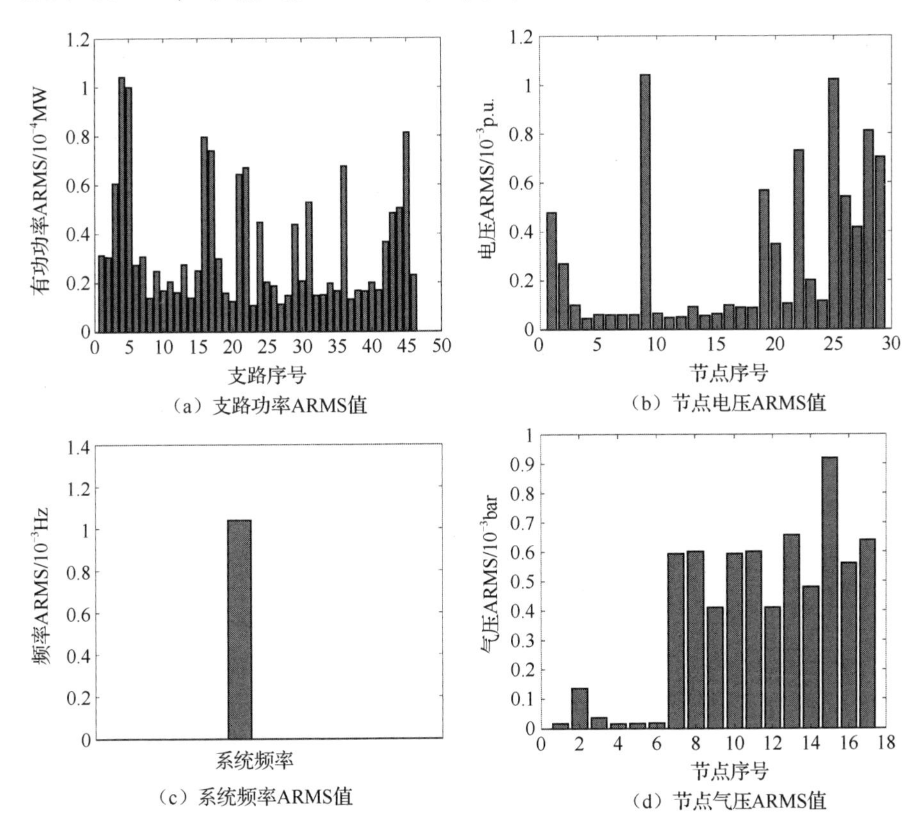

图 7-26　运行风险指标参数的 ARMS 值

图 7-27 给出了分别采用蒙特卡罗算法、传统算法和改进算法得到的节点 2 电压概率分布。

从图 7-27 可以看出，节点 2 电压概率分布采用改进算法得到的结果比传统算法得到的结果更接近于蒙特卡罗算法的计算结果。

对于所有节点电压，统计传统算法和改进算法的计算结果，发现传统算法计算得到的电压期望值与蒙特卡罗算法计算得到的电压期望值最大差值为 0.1275p.u.，改进算法计算得到的电压期望值与蒙特卡罗算法计算得到的电压期望值最大差值为 0.0254p.u.。传统算法计算得到的电压方差与蒙特卡罗算法计算得到的电压方差最大差值为 0.0124p.u.，改进算法计算得到的电压方差与蒙特卡罗算法计算得到的电压方差最大差值为 0.003p.u.。

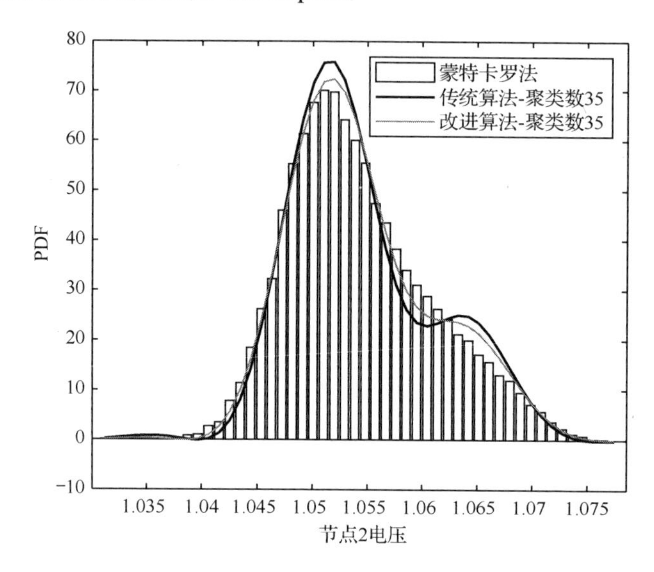

图 7-27　节点 2 电压概率分布

综合 ARMS 指标、概率分布、期望值和方差的计算结果，可以看出改进算法与传统算法相比，改进算法具有更高的计算精度。

3. EGIES 运行风险指标

在母线 13 和 25 处风电转气比例分别为 50%和 20%的场景下，运行风险指标计算结果如下。

（1）支路功率越限风险指标（见图 7-28）

从图 7-28 可以看出，支路 3、18、19 具有较大的功率越限风险。这是由于在母线 9、13、25 和 27 接入了风电，当风电出力高于接入点负荷功率时，会引起潮流倒送，给靠近风电接入位置相邻的支路带来潮流越限风险。此外，20%风电转气场景下支路有功越限风险指标要高于 50%风电转气场景，这是因为风电注入到电力系统的比例增大，导致了支路功率越限风险增大。

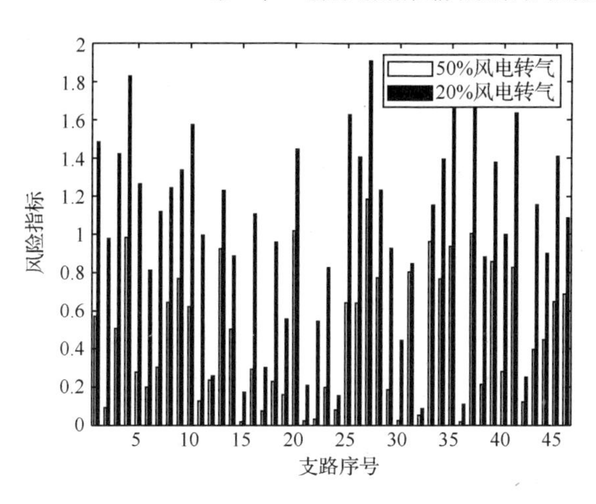

图 7-28　支路功率越限风险指标

（2）节点电压越限风险指标（见图 7-29）

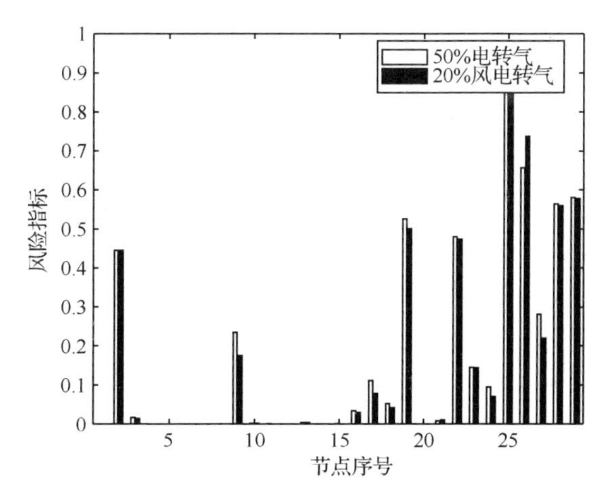

图 7-29　节点电压越限风险指标

从图 7-29 可以发现，母线 9、13、25 和 27 接入了大规模风电，风电功率波动使得电网潮流分布发生改变。当线路传输功率减小时，风电出力将抬高并网点处的电压，从而给附近节点带来电压越限风险。当风电转气比例变化时，相比于支路功率越限风险，注入风电功率的变化对节点电压越限风险的影响较小。

（3）系统频率越限风险指标

当系统正常运行时，频率的波动范围为[49.8,50.2]Hz。当电转气比例为 50%时，系统频率越限风险指标为 0.0016；当电转气比例为 20%时，系统频率越限风险指标为 0.018。一方面，风电和负荷的波动性影响了系统功率平衡，带来了系统频率越限风险。另一方面，当风电转气比例降低时，注入到电系统中的风电波动幅度增大，使得电系统频率越限风险进一步增大。

（4）节点气压越限风险指标（见图 7-30）

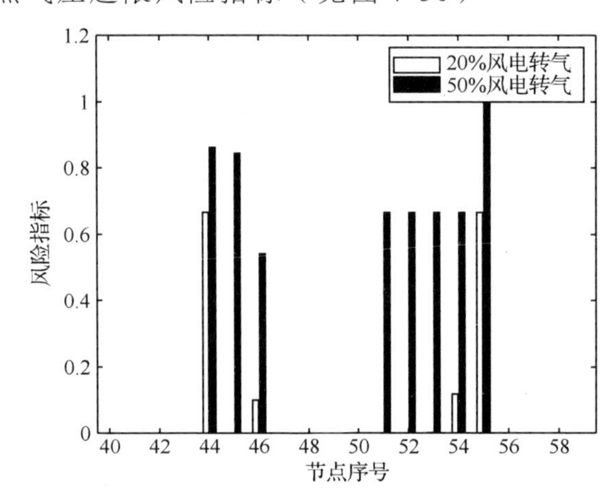

图 7-30　节点气压越限风险指标

从图 7-30 可以看出，天然气网中 44、45、46、51、52、53、54、55 节点存在气压越限风险。一方面是天然气负荷有一定波动，而且上述节点与电网通过 P2G 设备或者燃气轮机耦合，使得风电输出功率波动传导至上述节点，这些节点出现了气压越限风险。此外，50%风电转气场景下支路气压越限风险指标要高于 20%风电转气场景，这是因为风电注入到气系统的比例增大，导致了气系统中节点气压越限风险增大。

评估方法程序基于 MATLAB 2017a 平台编写，在主频为 2.6GHz、i7 四核处理器、8GRAM 的个人计算机上运行通过，该方法在计算速度上有明显优势。以风电 50%转气的场景为例，采用蒙特卡罗法 20000 次迭代，完成风险评估计算所需时间为 487.31s，而采用上述风险评估方法所需时间仅为 92.4s，具有较高的计算效率。

对于电-气互联构成的综合能源系统，上述方法能够有效消除随

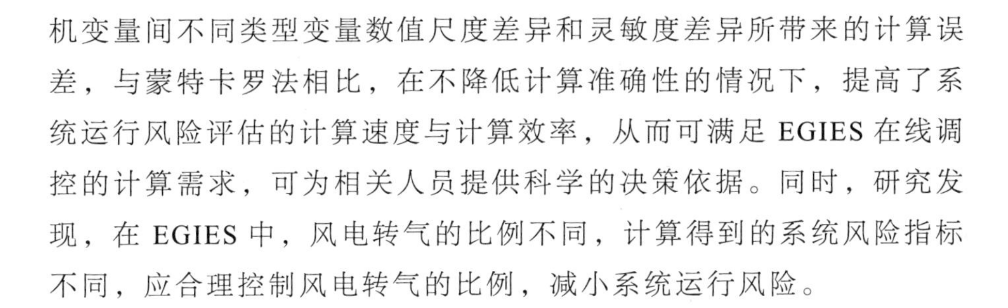

机变量间不同类型变量数值尺度差异和灵敏度差异所带来的计算误差，与蒙特卡罗法相比，在不降低计算准确性的情况下，提高了系统运行风险评估的计算速度与计算效率，从而可满足 EGIES 在线调控的计算需求，可为相关人员提供科学的决策依据。同时，研究发现，在 EGIES 中，风电转气的比例不同，计算得到的系统风险指标不同，应合理控制风电转气的比例，减小系统运行风险。

本章参考资料

[1] 谢桦，陈昊，邓晓洋，等. 基于改进 K-means 聚类技术与半不变量法的电气综合能源系统运行风险评估方法[J]. 中国电机工程学报，2020,40(1):59-69.

[2] 王奕凡. 主动配电网动态故障恢复方法研究[D]. 北京：北京交通大学，2019.

[3] 北京交通大学. 一种主动配电网负荷故障恢复策略优化算法：CN201911016329.6[P]. 2020-01-24.

[4] 李晨. 考虑分布式电源出力随机性的配电网故障恢复方法研究[D]. 北京：北京交通大学，2020.

[5] 大数据典型应用[C]. 2014 中国大数据技术与产业发展研讨会论文集. 2014:20-123.

[6] 邓晓洋. 计及大规模风电的电力系统及综合能源系统概率能流研究[D]. 北京：北京交通大学，2018.

[7] 中国石油大学（北京）. 一种输送管道运行异常原因识别方法及装置：CN202011269990.0[P]. 2022-05-13.

[8] 云南电网公司大理供电局，昆明能讯科技有限责任公司. 一种基于 SageMath 的负荷预测模型配置方法及计算机程序产品：CN202010275037.0[P]. 2020-07-28.

[9] 容涛. 延长油气田勘探开发信息化建设研究[D]. 西安：西安石油大学，2013.

[10] 赵渊，张夏菲，谢开贵. 非参数自回归方法在短期电力负荷预

测中的应用[J]. 高电压技术，2011,37(2):429-435.

[11] 陈昕. 基于广义极值分布的流化床压力波动风险评估与流型识别[D]. 焦作：河南理工大学，2021.

[12] 欧阳欣，吴裕生. 兼顾主导行业与上下级协调的电量预测方法[J]. 电力需求侧管理，2016,18(2):11-15.

[13] 何平，姚俊韬，孙阔，等. 基于SWOT分析的电网公司发展能源互联网目标探索[J]. 通信电源技术，2020,37(3):274-276.

[14] 谢炳熠. 变温湿度制冷空调系统建模与能效优化[D]. 济南：山东大学，2021.

[15] 乔国华，何亚坤，王维，等. 互联电网联络线调整中存在的问题及改进措施[J]. 河北电力技术，2011,30(2):10-12.

[16] 陈海明，俞建勤. 浙江电力：打破专业壁垒 实现营配贯通[J]. 中国电业，2013(4):2.

[17] 银泽一. 基于BMMC拓扑的PHEV电池管理与功率变换一体化关键技术研究[D]. 济南：山东大学，2020.

[18] 牛艳丽. 实现张呼高铁客运作业持续安全对策及方法研究[D]. 北京：中国铁道科学研究院，2019.

[19] 周伟锋. 电网调度自动化系统灾备策略研究及其前置子系统的设计与实现[D]. 南京：国网电力科学研究院，2009.

[20] 华北电力大学（保定）. 智能软开关和储能装置联合接入的配电网运行优化方法：CN201810691942.7[P]. 2018-10-23.

[21] 盖明新. 东方公司电力自动化产品营销策略研究[D]. 长沙：中南大学，2005.

[22] 刘佳. 电力系统中若干优化问题的研究[D]. 沈阳：东北大学，2009.

[23] 重庆大学. 一种基于优化LSTM网络的24点电力负荷值7日预测方法:CN202010616978.6[P]. 2020-10-16.

[24] 叶承莉. 实时控制在医疗质量管理中的研究与应用[D]. 重庆：第三军医大学，2011.

[25] 张珩. 大数据背景下的图数据并行处理关键技术研究[D]. 北京：中国科学院大学，2017.

第8章 供电企业大数据应用趋势展望

电力大数据蕴含了巨大的能量，大数据技术洞悉海量电力数据间的关联性，融合外部数据，可以找出其内在客观规律，为企业、行业解决生产运行管理中传统人工不能解决的问题，预测并防控风险，提升创新能力。

1. 电力大数据驱动智能电网技术水平提升

随着智能电网的快速发展和新型电力系统的构建，电网的特征参数与时空信息的关联性更加密切。同时，大规模新能源发电、分布式电源、储能系统、电动汽车的广泛接入，改变了传统电网的形态。在兼容性、开放性以及复杂程度不断提高的同时，电网受到外部因素的影响也逐步加大，迫切需要突破性的智能电网技术。大数据驱动下的供电企业经营管理技术发展将给智能电网技术的发展带来强大的促进作用。

借助大数据技术进行多源多维数据融合分析计算，使得可再生能源出力和负荷准确预测以及设备运行状态、系统安全性精准辨识成为可能，得以对电网实时运行状态全局把握和优化控制，保障大电网整体在最优条件下稳定运行。借助大数据技术感知复杂的负荷动态与互动响应，使得能源系统运行风险快速评估、互联系统支撑快速响应，得以对资源调配进行时空优化和柔性接纳。借助大数据技术分析配用电数据和社会经济数据，可完善主动运维、应急保障和优化经营管理流程，得以对源荷高效互动和挖潜增效。

2. 电力大数据驱动供电企业决策模式变革

大数据技术改变供电企业的决策模式还体现在由过去的被动问题解决变成主动预判，决策模式由业务驱动变成数据与业务联合驱动。通过广泛的关联数据产生服务于决策的高完整性的有效信息，以数据说话代替传统经验决策。电力大数据为供电企业提供了认识电网运行和发展规律的新方法、新视角，可对电网运行进行全流程动态管理；通过广泛收集和挖掘智能电网本身产生的内部数据，以及包括经济、社会、政策、气候、用户特征、地理环境在内的外部数据，提取有价值的历史信息，为能源互联网的规划和新型电力系统的建设提供支撑；通过挖掘业务流程环节的中间数据和结果数据，发现流程中的瓶颈因素，找到改善效率、降低成本的关键因素，辅助经营管理决策。

3. 电力大数据驱动供电企业服务水平提升

大数据技术将电源端、电网端、用户端的所有元素融为一体。在新型电力系统的构建过程中，能源生产和消费的互动需求越来越强烈，市场环境下生产和消费行为的经济性增强了互动的价值。在新型能源体系下，用户是能源消费者，但参与需求响应或组合成为虚拟电厂后，将由能源消费者转化为能源生产者，源荷双方的随机性和状态的变动越来越明显，双向不确定性的系统控制难度越来越大。在这样的背景下，只有资源集成并共享利用，才能保证电网的柔性特性和对送受端变异的自适应。而支撑这一机制的是大数据，通过大数据分析，预测电源能力和用能需求，根据计量传感数据下的用户用能、分布式、储能、电动汽车等数据，结合社会环境，为电网运行方式的改进提供依据。不仅帮助发电端做出合理的发电计划，也提高了用户侧的能效水平。

大数据技术的发展如火如荼，新型能源系统建设方兴未艾。提升社会效益是供电企业的责任和义务，效益提升是电力大数据在企业经营管理中的价值体现，运用大数据技术对用户进行细微理解和市场洞察，可实现能源系统运行的优化控制和效益最大化。在电力营销中可以通过大数据技术进行需求与用能行为的监测分析，进行预测评估，这将使营销更有针对性，并且产生许多有价值的信息。用户数据蕴含丰富的商业价值，阿里云等企业广泛收集新能源发电的数据和家电用能的数据，一些数据公司和互联网金融公司对供电企业的用电信息采集也寄予厚望。从这些数据需求者的目的来看，他们不是单纯追求在某种因果逻辑场景下的应用，更多的是应用于关联关系作用下的商业模式，如利用电表信息做商业信誉评估和针对性广告，可以为供电企业的业务模式和商业模式创新带来一定启示。用能数据也可以反映和预测经济运行状态和发展趋势，通过用能数据的分析，可反映经济结构的动态特征和趋势，用能行为数据的聚类可反映电价机制的调节作用程度，建立用能数据与经济运行和政策作用的联动模型，将为供电企业提供精准且有价值的决策信息。

南方电网公司于 2024 年 1 月 8 日发布的组织机构设置如图 8-1 所示。

从图 8-1 给出的南方电网公司新架构来看，新成立了共享平台单位，定位为网级共享运营中心、信息共享中心和决策支持中心，从中可以看到下属各级企业对数据共享、数据融合的迫切需求。从南方电网公司官方网站对下属各级企业的经营管理业务介绍中，可以看到电力大数据的支撑地位被强化、电力大数据应用于经营管理战略在持续和深化。电力大数据将助力电力信息开放与共享、控制自动与优化、源荷互动与协调、运营精益与增效，推动供电企业经营管理追求技术效益、经济效益和社会效益最大化。

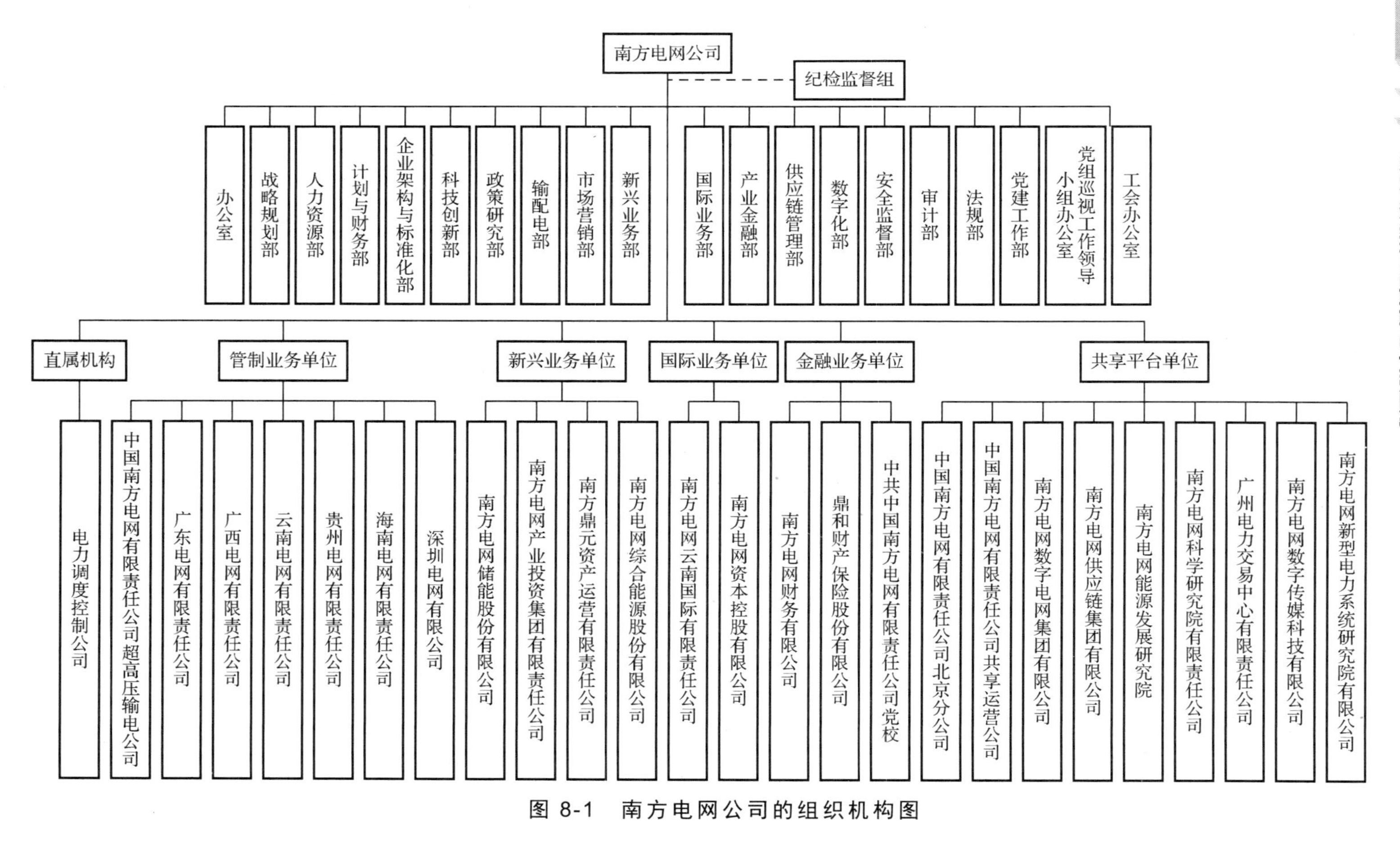

图 8-1 南方电网公司的组织机构图